200 Sudokus Fáciles
Para Días Difíciles
Volumen 1

Hideki Tanaka

ED.DRAGÓN

© 2016 Hideki Tanaka
Traduccíon española de *Fácil Sudokus for Hard Days – Volume 1*
Editor: Ed. Dragón
ISBN: 978-84-15981-42-8
1ª edición
Traductor: Ramón Somoza
Portada: Patrick Breig | Dreamstime.com
Cómo jugar: Albisoima | Dreamstime.com
Impreso por / Printed by: CreateSpace

Índice

Introducción

¿No ha tenido esa clase de días, donde parece que todo el mundo le ha caído encima? ¿Cuando quiere olvidarse de todo y pensar en otra cosa? Ha ha tenido suficiente estrés, y no quiere nada excesivamente complicado. Lo que necesita es algo que le distraiga, pero que tampoco exiga un esfuerzo mental excesivo – ¡ya tuvo suficiente durante el día!

Así nació *200 Sudokus Fáciles Para Días Difíciles*. La mayor parte de los libros de Sudoku le ofrecen una variedad de Sudokus, desde fácil hasta difícil, o incluso extremadamente difícil. Esto no. Los 200 rompecabezas son fáciles. Este libro está pensado para cogerlo y hacerle olvidar todos los problemas que ha tenido durante ese día tan duro. ¡La vida ya es lo suficientemente dura como para que encima tenga que relajarse con algo demasiado difícil!

Dado que *200 Sudokus Fáciles Para Días Difíciles* cae en la categoría de "fácil", quizás quiera también compartirlo con sus hijos. Después de todo, ¿no son acaso ellos su mejor distracción? ¿Quizás quiera sentarse con ellos y resolver los rompecabezas juntos? Esto aumentará su ya gran relación, pero también les ayudará a pensar de forma creativa. Hay muchas maneras de incentivar a las mentes jóvenes, y esta es una de ellas.

200 Sudokus Fáciles Para Días Difíciles también es adecuado para principiantes. ¿Para qué empezar con los Sudokus más difíciles? Una vez que haya terminado este libro, quizás quiera comenzar con mi nivel "medio". O quizás quiera comenzar el siguiente volumen antes de saltar al próximo nivel... la elección es suya.

Sudoku no es complicado. No son matemáticas. Simplemente tiene que rellegar las casillas de forma que no se repita el mismo número en la misma fila, la misma columna o la misma caja. Es un rompecabezas lógico y puede tomarse el tiempo que desee para resolverlo. Y una vez que lo haya resuelto (o si necesita mirar por haberse atascado), las soluciones a todos los rompezacebzas están al final del libro.

Hora de empezar. ¡Disfrute!

Hideki Tanaka

Cómo jugar

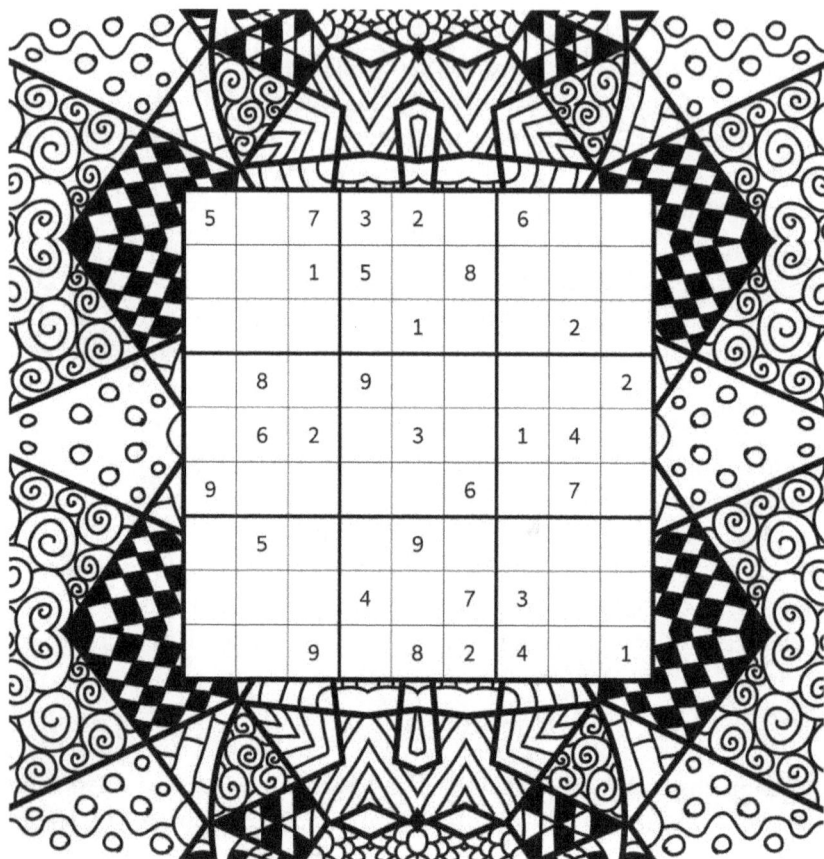

5		7	3	2		6		
		1	5		8			
				1			2	
	8		9					2
	6	2		3		1	4	
9					6		7	
	5			9				
			4		7	3		
		9		8	2	4		1

Instrucciones:

Introduzca un dígito entre 1 y 9 en cada casilla, de forma que:
- cada fila horizontal
- cada columna vertical y
- cada caja de 3x3 casillas (en negro)

Contenga cada dígito una sola vez.

Mire cómo funciona:

5	4	7	3	2	9	6	1	8
2	9	1	5	6	8	7	3	4
8	3	6	7	1	4	9	2	5
4	8	3	9	7	1	5	6	2
7	6	2	8	3	5	1	4	9
9	1	5	2	4	6	8	7	3
6	5	4	1	9	3	2	8	7
1	2	8	4	5	7	3	9	6
3	7	9	6	8	2	4	5	1

Sudokus fáciles de hacer

9					3			
	5			4				
	4	8	7		6			
1		9	8					2
	8	5	6		4	1	3	
4					2	9		8
			3		5	6	4	
				6			2	
			2					5

Puzzle #1 – Fácil

8	2						5	
		6			5			
		7	9		4			
					1	2		
1		8	4	7	2	9		6
		2	6					
			8		9	4		
			7			1		
	8						6	2

Puzzle #2 – Fácil

4		5	2					
2		6	4				7	1
		1		3	6		2	
	2							
			1	8	7			
							6	
	8		9	1		7		
7	1					3	2	8
					2	4		6

Puzzle #3 – Fácil

	1	6	2					3
2		5						
	7			8		4		6
						1	3	
		7	8	1	2	9		
	5	8						
5		2		3			7	
						3		9
7					9	5	8	

Puzzle #4 – Fácil

		9			4	5		6
4	7	8	6					
	3							4
	9		5		8			
6				7				2
			4		2		5	
7							6	
					5	2	3	8
2		1	3			7		

Puzzle #5 – Fácil

	4	9			5		3	6
	7	3		8	6			2
2								
3						5		
			8		9			
		5						8
								3
6			2	7		9	8	
1	5		9			2	7	

Puzzle #6 – Fácil

6						2	3	
			6	8		1	7	9
	8	7	3					
		4	8				9	
	2					4	6	
					6	9	8	
8	4	6	1	3				
	7	5					1	

Puzzle #7 – Fácil

8						2	4	
6	4							
			7	9				8
			6				2	
		5	7		8	9		
	3				2			
9			8	1				
							5	7
	8	6						3

Puzzle #8 – Fácil

		3	1		2	6		8
2	8	4						
		5					4	
	8	2				9	3	
				5				
	3	4				2	7	
	1			5				
				4		3	2	
2		6	3		9	5		

Puzzle #9 – Fácil

1				5				
	6	3	4		8			
			6			1		
7							2	3
	3	5	7	9	2	8	1	
4	8							7
		6			3			
			5		4	9	8	
			9					5

Puzzle #10 – Fácil

6			7	9	1	4		
				4			6	
1			6			9	8	5
								9
		7	9	1	6	5		
3								
7	6	5			2			4
	3			6				
		2	8	5	9			6

Puzzle #11 – Fácil

1	9		8		4			
	4	3		2				
8		5						9
		8	5					6
2								7
7					3	9		
3						6		5
				8		4	9	
			9		5		1	8

Puzzle #12 – Fácil

						1		
3	8							6
		7	9		8		2	4
6		8						
7	3			8			4	5
						2		8
8	6		2			3	7	
4							6	9
		1						

Puzzle #13 – Fácil

				2			7	3
6	3		1					
		5			4			9
1				8	5	9	3	
				1				
	7	9	2	4				8
3			6			7		
					2		9	6
4	9			5				

Puzzle #14 – Fácil

	9	7	5					
4		1	9				6	
8								
	4	8		5		2		
2				3				4
	8		2		1	3		
								6
	5				6	2		3
					8	5	1	

Puzzle #15 – Fácil

7			8		1	9		
2							6	
5			6	7				3
			5					
	5	4				2	7	
					9			
4				2	8			6
	3							2
		1	3		5			9

Puzzle #16 – Fácil

8		3	7				1	
5			9					
			4			8	7	6
2			6					
	6			7			8	
					9			5
4	1	2			7			
					6			2
	5				1	7		3

Puzzle #17 – Fácil

	4			5		3	1	
2	9	1		8				
		8					7	
	5	7	2	1	9	6	8	
	6					9		
				7		4	6	2
	8	2		4			3	

Puzzle #18 – Fácil

	3	5			6	8	9	4
1	7	4						
				3				
				1				8
	5	6				4	7	
3				9				
				4				
						7	4	3
6	4	8	3			1	2	

Puzzle #19 – Fácil

	8							
		1		4		2	8	
5	2	7	1					
				7	2			8
	9	5				6	1	
8			6	9				
					9	5	2	3
	4	2		8		1		
							4	

Puzzle #20 – Fácil

		7			3	4	5	
	8							
			1	6		2		
	4		3			8	2	
5				8				9
8	3				9	7		
	7			5	1			
							1	
3	9		2			6		

Puzzle #21 – Fácil

		7			3	4	5	
	8							
			1	6		2		
	4		3			8	2	
5				8				9
8	3				9	7		
	7			5	1			
							1	
3	9		2			6		

Puzzle #22 – Fácil

		4				5	1	
			8		2	6	3	
		7	6					
	5	2	4					
7				6				2
					8	7	5	
					9	8		
	4	9	3		6			
	6	5				1		

Puzzle #23 – Fácil

8								
			5	8	4			1
5	4	2	9					
	8	9	4	1		6		
				9				
		4		6	5	9	2	
					6	5	1	2
6			1	7	2			
								7

Puzzle #24 – Fácil

	5		2	3				4
6	4	9			7			
			3			4		
	8	4		1		9	6	
		5			4			
			7			2	3	1
3				2	6		9	

Puzzle #25 – Fácil

1		5			2		6	
			7	6			1	
	8		9	1				4
	7			2			3	
9				7	3		8	
	3			9	1			
	6		4			7		1

Puzzle #26 – Fácil

			2	6			7	
			5		1			3
					3		1	2
		1					5	9
4	8						3	7
5	3					8		
3	5		6					
7			8		9			
	1			3	2			

Puzzle #27 – Fácil

8	6				3			
		1				2		
			7				5	1
1			3		2	4	6	
				5				
	4	7	9		8			5
3	7				6			
		6				7		
			2				8	9

Puzzle #28 – Fácil

4	1		9	2	7			
9	2		5					
		8	4	6				
	3						7	
8		5				2		4
	4						1	
				1	8	9		
					4		5	7
			7	5	9		4	8

Puzzle #29 – Fácil

				9		3	7	
7	9				2			
			3					1
	2				3		5	
		7	9	5	8	1		
	8		2				6	
1					5			
			8				9	7
	5	2		6				

Puzzle #30 – Fácil

1		8					7	
2								4
		5	7	4			1	6
6			2					
			1	8	4			
					6			9
7	8			5	9	6		
5								1
	9					3		7

Puzzle #31 – Fácil

					5	8	7	
				6		4		
4		8	7					
		1		3	9		8	
	3						9	
	4		5	1		2		
					7	6		3
		3		5				
	5	9	6					

Puzzle #32 – Fácil

		2		6		1	7	
5			2	4				8
						2		5
2	9	7						
	1	6				4	8	
						3	9	7
4		9						
6				1	3			9
	3	5		9		8		

Puzzle #33 – Fácil

1	4		2			6		
7		9		8				
					5			
		1	5	6		2		
	3						7	
		5		9	2	8		
			6					
				2		5		6
		3			1		2	7

Puzzle #34 – Fácil

					1			3
1	8				5			
		3	6		2		8	
8	5					3	2	9
2	1	6					7	5
	3		2		7	8		
			4				5	1
9			1					

Puzzle #35 – Fácil

		2	4					
						1	6	
4	3				7			
				7			9	1
9			6	8	1			5
1	8			4				
			9				7	2
	9	8						
					2	3		

Puzzle #36 – Fácil

1					8			4
			7	1			9	3
	4	3		6				
6	5						4	8
				5				
3	8						7	5
				4		3	8	
7	6			3	5			
4			6					9

Puzzle #37 – Fácil

3		8		7			1	
		7	1	4		9	3	
		9	5					
2	6			8				
			4		2			
				9			5	2
					9	5		
	9	6		1	5	8		
	8			6		7		1

Puzzle #38 – Fácil

		8	4	5		1		
	6		8					5
	7							
	3	7		9	8			4
4			7	6		9	3	
							6	
3					4		9	
		9		1	3	5		

Puzzle #39 – Fácil

5					1			
	3		7		5	1		
		2	9	6		5		
							6	5
		6				9		
2	8							
		4		3	6	8		
		9	1		4		7	
			5					4

Puzzle #40 – Fácil

9			1					2
	5						9	
		8		5	4	1		
				7	6		4	9
	1						2	
4	7		2	8				
		1	5	2		3		
	2						1	
5				4				7

Puzzle #41 – Fácil

1		7			5			
	5						1	2
9				8				
			1	8	7	4	6	
	6			2			8	
3	4	8	5	7				
			3					1
6	8					4		
		1			9		6	

Puzzle #42 – Fácil

	5	2			9			
4		8		1	7			
9	1		8	5				
	2	4		3				1
			2		8			
5				7		8	2	
				4	3		8	7
			9	2		4		3
			7			1	9	

Puzzle #43 – Fácil

			9	8				5
		4	1	6		7		
			3			9		2
3						6	2	
	6						8	
	9	1						3
7		9			1			
		3		9	5	2		
1				3	6			

Puzzle #44 – Fácil

3			7					
						6		9
7			8	4	6		1	3
				8	1	4		
	8					1		
		4	2	5				
8	6		4	1	9			7
2		7						
					7			4

Puzzle #45 – Fácil

1	2			6	3			
	6	9					2	3
	5		4					
		8					9	
			7		4			
	9					6		
					6		1	
9	7					2	6	
			8	5			3	9

Puzzle #46 – Fácil

							5	
			8	9		6	3	
					4	8		7
		5	3		8		7	
1				4				2
	4		9		7	5		
5		4	2					
	7	2		3	9			
	8							

Puzzle #47 – Fácil

		8		4				5
	4		9	5			6	
					8	9	2	
5				7		3	8	
	6						9	
	7	3		9				2
	3	2	5					
	8			6	9		5	
4				3		8		

Puzzle #48 – Fácil

					8	9	4	7
				9	6	8	2	
						5		
				5	7			4
		2				6		
8			9	2				
		4						
	2	8	3	6				
5	7	1	8					

Puzzle #49 – Fácil

		4	6	1				
			9			5		
9	2	5		8	3			
3		2						
	7						1	
						7		8
			8	4		9	5	6
		1			2			
				6	9	2		

Puzzle #50 – Fácil

					7	8		6
	5				6		9	
4							2	
7				4				
3		4	2	7	8	1		5
			3					4
	3							9
	4		1			5		
9		2	7					

Puzzle #51 – Fácil

		7	2	3				
2	9	3				4		
						9	8	
						6	1	4
1				8				3
7	6	5						
			9	3				
			2			3	8	7
				7	8	1		

Puzzle #52 – Fácil

4	9							
					7	4		
	7		9				5	6
5				1				2
7		9	6	2	5	1		4
1			8					7
9	5				6		2	
		8	3					
							8	1

Puzzle #53 – Fácil

9						6		
	2	8	9		5	4		
4			6			2		
						5		2
	3		2	1	8		7	
7		2						
		9			4			7
		7	5		2	6	4	
	6							1

Puzzle #54 – Fácil

1	6		9		3		7	
					7		6	
8						9		4
6		2						
	4			9			1	
						5		9
3		7						1
	5		3					
	8		7		5		9	6

Puzzle #55 – Fácil

8	5		9	3	6	7		
				4	8	2	5	
2	6							
	1	5	3	2	9	4	8	
							7	2
	4	8	5	9				
		9	4	1	2		3	5

Puzzle #56 – Fácil

4		1	9			2		
		6		4	2		8	1
9								
					6	3		8
		5				6		
8		2	4					
								3
5	4		2	3		8		
		7			1	4		9

Puzzle #57 – Fácil

3		6		4		5	1	9
5			7			3		8
1								
			9	5				
	6		4		2		5	
				1	7			
								1
7		1			6			5
6	8	9		2		7		3

Puzzle #58 – Fácil

9			2			3		
	2		4			8	6	
	8							5
				3	4			2
	7	3	6		2	4	5	
2			7	8				
7							1	
	3	5			6		7	
		4			7			3

Puzzle #59 – Fácil

					1			
					7	8	5	3
2	6	5			3	4		
		3		2		5		1
8								4
1		2		5		7		
		8	7			9	6	5
5	2	9	6					
			9					

Puzzle #60 – Fácil

1					4		8	
						2		
		3	6		5	7		
5				3	2	4		
	8						2	
		4	5	1				3
		5	9		6	8		
		1						
	6		1					9

Puzzle #61 – Fácil

9			3			1		
			8	5		9	4	
5	4		9					
7					3		5	
	1						9	
	3		2					8
					8		6	7
	7	4		2	5			
		1			9			3

Puzzle #62 – Fácil

1	5		2	3				
				4	5			1
7							2	
	1				9	7		
	2						6	
		7	3				5	
	4							8
2			6	8				
				5	7		4	9

Puzzle #63 – Fácil

7		4	8	1			6	
		9			5	1		
				9				
8					3			
	7	2		6		3	1	
			7					4
				3				
		1	2			7		
	9			5	7	4		8

Puzzle #64 – Fácil

1		5		2	4			9
			6					5
	2				9	6		
					6			3
	8			1			9	
7			8					
		8	9				4	
5					7			
9			3	8		7		1

Puzzle #65 – Fácil

						3		5
			2		8			7
			7	5	4		8	
2				1	9			
9	6		8	4	2		7	3
			3	6				2
	1		4	2	5			
8			6		1			
6		7						

Puzzle #66 – Fácil

							4	
				6	8	5		
3		7	9			6		
8					7		5	4
2	7						1	3
9	3		4					6
		1			9	8		5
		3	6	8				
	9							

Puzzle #67 – Fácil

	2	8				3		4
9			8					6
		1	7					
		2		7	4		6	
	4						9	
	5		9	3		4		
					6	2		
7					2			8
2		9				6	5	

Puzzle #68 – Fácil

		5				6		
9	4		8					
3					9		5	1
			7	5		2		
6				2				9
	7			9	3			
1	2		5					8
					7		1	6
	3					2		

Puzzle #69 – Fácil

		5		7	3			9
	2			1	9	8		4
	3	2						
	9		6	8	1		5	
						9	7	
8		3	2	4			9	
6			9	3		7		

Puzzle #70 – Fácil

1		4				2		
				7	5	9		
							5	1
			6					5
5		2		4		8		9
6					7			
2	4							
		6	8	1				
		8				7		2

Puzzle #71 – Fácil

	2	5			7			
		8	3					
3			6		5			8
6	9			7		3		
		2				1		
		3		1			9	2
1			8		4			9
					3	4		
			7			6	2	

Puzzle #72 – Fácil

5								
		2		3				5
	8	7			6			
	5	9		2				6
8		6	7		5	3		9
1				9		4	5	
			2			8	6	
6				8		1		
								4

Puzzle #73 – Fácil

			4				3	
					1	9	2	
2					8			5
		9		8	3	5		
			9	1	7			
		1	5	6		7		
4			8					3
	9	6	1					
	5				9			

Puzzle #74 – Fácil

	6	3	2		8	5		
7	1	8	3					
	9							
				4			5	
		6	9		7	1		
	8			6				
							9	
					1	6	7	5
		5	8		9	4	3	

Puzzle #75 – Fácil

8				4	3		5	
2								
9	4		8	1				
		7	3			6	9	
5								7
	6	8			4	1		
				3	7		4	9
								8
	1		5	9				6

Puzzle #76 – Fácil

8	6	9						
			8				6	3
		1			4			
	2			3			4	9
			4	5	8			
3	8			6			1	
			5			1		
7	9				6			
						3	8	6

Puzzle #77 – Fácil

		2				4		9
4		6					5	
			4	2	5		8	
			7			9		1
				3				
3		9			1			
	4		8	7	6			
	8					1		6
9		5				7		

Puzzle #78 – Fácil

2							3	
		6	8			1	7	
4	8				5			9
3	4	8		9				
				5		9	8	7
8			7				9	6
	5	9			2	8		
	6							2

Puzzle #79 – Fácil

	3		8			7	6	
	2	6	3					4
1		9						
				3	7	8	2	
	8	5	1	9				
						2		1
4					8	6	5	
	5	3			1		4	

Puzzle #80 – Fácil

6		2		3				8
		9		5				7
			8		4			1
						8		5
	3		6	9	5		7	
9		4						
3			9		8			
8				6		7		
7				4		5		9

Puzzle #81 – Fácil

4			7					
		3	4	5		9	7	
		1		8		2		
	2	9	8				4	
	5				7	8	6	
		6		3		4		
	9	8		4	2	7		
					6			1

Puzzle #82 – Fácil

9	5	1		7				
7		6					2	
					4		9	
	7	5	3	1				2
8				9	2	1	6	
	6		7					
	2					3		8
				3		2	5	6

Puzzle #83 – Fácil

			9					4
		5			4			1
2	4	1	3				6	
			4					8
8	2	4				3	9	7
7				2				
	8				9	4	1	6
6			4			9		
4				3				

Puzzle #84 – Fácil

8			5		4	1	9	
3		9				4		7
			7					
			8			9	7	1
9								6
5	1	7			6			
					7			
1		5				7		2
	4	3	2		5			8

Puzzle #85 – Fácil

						1		
	6		7	4				2
	2				6	5	3	7
	3				2			
6		2				9		5
			6				1	
1	7	3	4				2	
2				9	3		8	
		8						

Puzzle #86 – Fácil

6		8	3				5	
							3	
5	3			6	7		9	
2		1			3			
				1				
			9			6		5
	4		8	5			6	9
	9							
	6				4	1		8

Puzzle #87 – Fácil

7	1	3						
6				7		5		
			4					6
		5		3	7			4
		4		6		8		
1			5	4		9		
2					8			
		6		9				5
						1	9	8

Puzzle #88 – Fácil

		7						
	3			7			6	1
1	6		4	9				7
		1	2	9		8		
	7			3	6	4		
5			8		1		9	6
7	8		3				4	
					3			

Puzzle #89 – Fácil

		4	1		5			
	5	2	4					
	3			2		7		
	1	3		6				
5	4						8	6
				7		4	1	
		5		9			7	
					6	1	3	
			3		8	6		

Puzzle #90 – Fácil

		1	2				4	8
		2	1			3	7	
6			7					1
9	7			5				
				9			6	7
1					8			5
	5	9			3	7		
2	4				6	8		

Puzzle #91 – Fácil

6			2				5	3
2	4					1	6	
			9					8
				5			7	
		5	4		2	6		
	8			9				
8					9			
	7	3					9	4
4	9				7			1

Puzzle #92 – Fácil

					3			
7	8		2	6				5
5				1			2	6
			8	5		6	9	
		5				8		
	9	6		3	7			
6	3			7				8
1				8	4		7	3
			3					

Puzzle #93 – Fácil

9	4		7			2		5
		2	5	9		7	1	8
			4	2				3
	9						2	
7				6	1			
2	3	6		4	9	8		
5		9			8		6	2

Puzzle #94 – Fácil

				6		3	4	
5					2	1	7	
		3	5				9	2
	2		8		3		1	
4	8				9	5		
	7	2	1					3
	6	4		8				

Puzzle #95 – Fácil

4			2					
	3							4
					1	3	7	2
		4	9		5	2		
1	9						6	7
		3	1		6	9		
7	4	9	6					
6							3	
					9			5

Puzzle #96 – Fácil

		7		1		9		6
9								
	6		7			4	8	1
2	7	5			9	3		
		8	6			7	9	2
8	5	1			7		4	
								5
7		3		5		2		

Puzzle #97 – Fácil

4	9				8		3	1
		6						
			9	5		4		
	7			8			1	4
	5						2	
6	8			3			5	
		8		7	1			
						1		
3	6		5				9	7

Puzzle #98 – Fácil

	6				4	1	7	5
7					9			
	5	8						
	4	2		5				
			7		2			
				3		2	6	
						6	9	
			3					7
9	7	4	2				1	

Puzzle #99 – Fácil

8	4			9		5		2
	2			6		9		
3		5						
			8					5
	3						7	
6					2			
						2		1
		9		1			4	
4		8		5			9	3

Puzzle #100 – Fácil

8	1				3	4		7
6						3		
				5	8		6	
7		6	5	1	4			
			8	2	9	6		5
	9		1	3				
		4						8
1		7	4				3	6

Puzzle #101 – Fácil

			5			6		1
	3							
					1	4	9	5
9		3		1		5		
	6			8			2	
		7		4		3		9
2	4	9	3					
							4	
3		1			9			

Puzzle #102 – Fácil

		9			1		5	
				5			9	
					6	3	2	1
3			7	4	9	2		
		2	8	1	3			7
8	1	5	2					
	9			8				
	2		1			8		

Puzzle #103 – Fácil

4		2						7
6			7				1	3
9	3							
8			4	6		3		
		3		7		6		
		6		5	8			1
							5	9
1	8				9			2
3						8		4

Puzzle #104 – Fácil

7	9	2		8				
1		3						
	5		6	1				
4		6	5	7				
			9	2		6		7
			3	1			9	
						1		2
			2			5	6	8

Puzzle #105 – Fácil

	9			6			5	
			9			3	4	
3					4		9	
					1			
7		1	8		9	2		4
			4					
	3		2					9
	1	5			3			
	4			9			1	

Puzzle #106 – Fácil

3		1		6		5	2	
	2		4				8	
	6		3					9
			5					7
1				2				5
2					8			
9					4		5	
	7				5		9	
	8	6		7		4		2

Puzzle #107 – Fácil

	1							
		4				2	5	
	3	5	8	1				
	9		1		5		8	
		2	6		3	1		
	6		9		8		7	
				6	7	8	1	
	4	1				7		
							3	

Puzzle #108 – Fácil

5			7	9		8		4
1	6							
		7	3	6		2		
	1							
	3		2		4		8	
							7	
	6			1	5	7		
							5	6
4		5		3	7			8

Puzzle #109 – Fácil

4		1	7		8			
		8			6		4	7
	2				3			
						9	2	3
6	1	4						
			6				3	
8	6		5			2		
			4		9	1		8

Puzzle #110 – Fácil

4		1	7		8			
		8			6		4	7
	2				3			
						9	2	3
6	1	4						
			6				3	
8	6		5			2		
			4		9	1		8

Puzzle #111 – Fácil

	4	2		8	7	9		3
9				4	3		1	
3								
		8	4				7	1
7	1				5	8		
								4
	7		9	6				8
4		9	1	3		6	2	

Puzzle #112 – Fácil

				5			3	6
3	6			9			8	
					3	4		
		6				8		
	3	8		2		5	1	
		4				9		
		2	1					
	1			6			5	4
4	5			3				

Puzzle #113 – Fácil

8				5		3		7
		6				5	4	
				8	6			
			7				8	5
2								9
3	8				4			
			1	6				
	6	2				8		
9		7		4				2

Puzzle #114 – Fácil

			6		5			7
				8	3		1	6
8			9		1		4	
7	3	9				1		
		6				8	7	9
	7		3		9			8
6	9		2	5				
2			8		4			

Puzzle #115 – Fácil

		5	9	1				
								5
3	4	6	8				1	
9					6	5		2
				8				
5		8	2					6
	1				8	4	6	9
8								
				4	3	1		

Puzzle #116 – Fácil

6	2			7	5			
1	3		2					
	5					3		
4	9		8		1			
				9				
			5		2		3	4
		7				4		
					7		2	3
			9	2			8	7

Puzzle #117 – Fácil

					8	6		
3				6		2		9
5	6							1
			5					
6	1			3			4	7
					7			
9							2	3
7		1		9				4
		2	4					

Puzzle #118 – Fácil

	1	4			8		2	3
3				7				8
		8			1	9		4
			5					
		5	1		9	8		
			6					
5		1	7			2		
4				5				1
9	6		8			3	5	

Puzzle #119 – Fácil

7		1		3	9	5		
					8			
	2	3						
		2			1	9		5
	3		8		2		4	
9		4	3			2		
						4	5	
			6					
		5	4	2		8		3

Puzzle #120 – Fácil

5				7					
---	---	---		---	---	---		---	---	---
		3		1	8	5		4		
4	8			2						
					1			7		8
2		5			6			9		1
3		8			4					
						8			7	9
		6		3	5	7		8		
					9					6

Puzzle #121 – Fácil

1					2				4	
---	---	---		---	---	---		---	---	---
				3		4				
4	5							8		
5		6		1		2				8
	4								2	
2				8		3		7		4
		4							8	7
				4		6				
	9				1					3

Puzzle #122 – Fácil

			3					
				4			8	2
		7		2		9		
	6				4			8
9			8	3	1			5
5			2				7	
		3		8		7		
6	4			9				
					5			

Puzzle #123 – Fácil

6				3	4			9
					6			
9	4	2		5			6	
	6	4			8	7		
	1	9				5	8	
		5	6			4	1	
	2			8		9	7	4
			9					
5			4	2				8

Puzzle #124 – Fácil

	2			3		6		
	6	1				3	2	
3			9			7		
			5					
	8	3	6	1	2	5	4	
					8			
		4			9			7
	9	6				8	3	
	1		3			4		

Puzzle #125 – Fácil

	4	6						5
2			4	5	3			
							7	1
					9	7		
			4	6	7	2	9	
			2	1				
4	8							
			5	6	8			7
6						3	8	

Puzzle #126 – Fácil

	6							
5			7					
9		2		8	4			1
	5		9		6		4	
	1			4			7	
	8		3		5		1	
6			8	5		1		4
					7			9
							5	

Puzzle #127 – Fácil

6		3	2					4
	8		3					
9					5			2
		7	8	5				
		1	9	2	3	4		
				1	6	9		
2			5					3
					7		2	
8					2	5		9

Puzzle #128 – Fácil

			7	5	8		9	
	3	1	9			2	5	7
9	1	7						
			6		7			
						4	7	2
4	2	3			5	9	6	
	5		3	8	6			

Puzzle #129 – Fácil

		6	3	8	9		4	
			4			5	9	
							7	8
5	8		7	6	2		3	1
7	3							
	1	3			4			
	9		6	5	8	2		

Puzzle #130 – Fácil

			8				1	3
	5	2		9	3			
				6	4	5		
9						3	2	
4				3				8
	6	3						5
		6	7	8				
			3	2		9	6	
7	9				5			

Puzzle #131 – Fácil

			8				1	3
	5	2		9	3			
				6	4	5		
9						3	2	
4				3				8
	6	3						5
		6	7	8				
			3	2		9	6	
7	9				5			

Puzzle #132 – Fácil

	3							
		8	6					
		9		7	2		8	
	2		3	9	7			5
	1	6		5		9	7	
5			4	1	6		3	
	6		9	4		2		
					1	4		
							1	

Puzzle #133 – Fácil

	1	5		3	8			7
	3		1				4	
4								9
8				9				
		1		5		9		
				1				4
6								8
	2				3		7	
7			6	8		4	9	

Puzzle #134 – Fácil

			2		8			7
2			3				9	
					7	6	5	
3		2	5					
					9	4		1
	3	4	8					
	2				6			9
1			9		5			

Puzzle #135 – Fácil

7		9		1		2		
6	2	4						9
					6			
		2	6		7		1	
				2				
	9		1		3	8		
			5					
1						5	9	4
		5		8		7		2

Puzzle #136 – Fácil

8	7		5	9				
9		2	1					
								2
	9			4			2	
	1	7				4	8	
	2			6			3	
7								
					5	8		6
				3	8		5	7

Puzzle #137 – Fácil

					2	3	7	
6		2	3		4		5	
	2				3			5
	3	4		8		7	6	
9			4				8	
	7		8		6	4		9
	4	1	7					

Puzzle #138 – Fácil

7					5	2	8	4
	4				6			1
	2	9	1		8			3
				2				
8			7		3	9	5	
5			8				6	
2	6	3	5					7

Puzzle #139 – Fácil

					4			
			5	2	7	9	4	
8	7			9		1		2
1	6							5
				5				
7							2	3
6		7		4			8	9
	9	8	3	7	2			
			9					

Puzzle #140 – Fácil

2			5		1			
				2			7	
	6		8			1	9	
5	8		1	6				
			7	2		4	8	
9	5					6		2
1				3				
			7			5		4

Puzzle #141 – Fácil

6					3		7	
				4				
	4	3	2	1				
9							3	5
4	3			8			6	2
6	5							9
				2	9	1	4	
				5				
	8		6				5	

Puzzle #142 – Fácil

4					2	7	6	
	3					8		
1								4
	1	9			3			
		2	1	6	4	9		
			5			3	8	
7								8
		1					3	
	6	3	9					5

Puzzle #143 – Fácil

2		4			3		9	5
		3	6	9		4	7	
				5	1			
						9		6
		8				3		
1		6						
			7	3				
	3	5		6	4	1		
4	9		1			5		3

Puzzle #144 – Fácil

	8					4	1	6	
		3	2			7		5	
2	4	1							5
	7		4	3	8		1		
1					2		8	4	
	2		6		1		3		
	1	6	5				2		

Puzzle #145 – Fácil

				4	2		3		
8	9		3						2
		5			8				
			8		1	4	6		
3									9
	8	9	7		4				
			1			3			
9					7		5	1	
	7		5	8					

Puzzle #146 – Fácil

			2	3			4	5
3					7			
						7	1	3
		2	3			1		
	4	3		7		9	6	
		8			2	3		
1	8	5						
			6					9
9	6			2	8			

Puzzle #147 – Fácil

		9						1
2	3		4		1			
				6		7	8	
			6		8		2	
5								3
	7		9		3			
	5	7		8				
			7		4		5	9
3						6		

Puzzle #148 – Fácil

9	4			7			6	
6	3		8					9
7		8						
			4			2		
			7	6	2			
		4			8			
						7		2
3					9		8	5
	5			4			9	6

Puzzle #149 – Fácil

			5					3
	9	2	1			7	8	
3	7			9				
				2			3	7
		7				5		
8	5			1				
				5			7	4
	3	6			2	8	1	
2					1			

Puzzle #150 – Fácil

5	9	6	8			2		3
1					6			
	7	2						
		3			2	7		
	5			1			6	
		7	4			8		
						6	1	
			6					4
6		4			5		7	8

Puzzle #151 – Fácil

2				9		6		
		5	6	1			2	
					3	9		4
6		4			1			
			8			1		9
3		9	2					
	4			6	7	8		
		2		4				3

Puzzle #152 – Fácil

7								2
	6	7		4	1			
			3	2			7	
	9	2		4	1			5
		4				3		
3			6	9		4	2	
	8		5	2				
		7	4		3	6		
6							8	

Puzzle #153 – Fácil

1		4		3	7	9		
					4			1
	2			1				8
2	5	3						
						6	9	3
	7			5			2	
	4		1					
		8	3	9		4		1

Puzzle #154 – Fácil

						7		
	6	1	8			5		9
						6	3	8
1			5			9	2	
			7		1			
	8	4			2			6
4	9	6						
3		8			5	4	9	
		7						

Puzzle #155 – Fácil

7	4	3	2					
	6			1	3	7		
	5		6					
	9	6						
8	7						6	3
						1	8	
					5		4	
		2	8	4			5	
					2	6	3	8

Puzzle #156 – Fácil

	7		5				3	
			3					6
		3		7			5	
4		1		3	9	6		
		9	8	5		4		3
	4			2		8		
7					4			
	8				5		2	

Puzzle #157 – Fácil

			2			9		
		9					1	5
	1			4	9	8		3
				6			9	
6	7	5				1	8	2
	2			7				
7		2	1	8			4	
4	8					3		
		1			6			

Puzzle #158 – Fácil

9	6				1			
	5		7		9		3	2
		1						
2		5						
	1			9			4	
						6		9
						4		
6	3		1		7		9	
			8				7	5

Puzzle #159 – Fácil

			1	3		5		
		5	4	2		3		
			9			2	8	
	6							3
	9	4		3		6	1	
3							2	
	4	2		8				
		9	4	6		8		
	1		3	2				

Puzzle #160 – Fácil

1	4		7	6			2	
	8		4			5		
7				5		1		
						9	6	
			1	3	7			
	2	1						
		7		8				9
		8			6		7	
	6			7	3		1	4

Puzzle #161 – Fácil

		7		4			6	
3		5						9
6						1		
4	1				5			
	5	6	4	9	3	8	1	
			7				9	4
		4						1
2						6		8
	6			5		7		

Puzzle #162 – Fácil

	3			8		1		
		1		4	2		5	
					7	9		6
2	7							
			4	9	3			
							6	3
1		6	3					
	5		9	2		6		
		2		1			4	

Puzzle #163 – Fácil

				6				1
			9			5		
1	3					7	8	
	4		7			1		
3								2
		8			3		7	
	1	6					5	9
		2			4			
5				8				

Puzzle #164 – Fácil

	3		9	2				
			4		5			7
							2	5
			5			2		1
7		6				3		8
5		1			8			
3	6							
4			8		3			
				5	2		6	

Puzzle #165 – Fácil

		9	4	7				6
		3			9	8	7	
	3	2						
7		8		3		4		5
						2	1	
	1	7	9			3		
4				8	1	6		

Puzzle #166 – Fácil

	8	1		6		9		
5			4		3	2	1	
2	4							
		8						
			1		2			
						7		
							9	1
	9	5	8		4			2
		7		9		6	4	

Puzzle #167 – Fácil

	9							
				1			9	3
7			9			6	2	1
					9	2		
	2	9	7			6	3	1
		1	5					
2	7	6			5			4
5	3			4				
							6	

Puzzle #168 – Fácil

			1				3	
	7	6		9	2	8	4	
		2					6	5
				1				7
		5		6		4		
7				3				
1	9					3		
	5	7	3	8		6	9	
	6				4			

Puzzle #169 – Fácil

					4		6	3
		9	2	1	8			
4						9		1
	7	4		3				
				7		4	5	
5		3						2
			6	9	3	8		
9	4		5					

Puzzle #170 – Fácil

4	3			6	5			
5						1	4	
		8	2				9	
				1	7			
7								4
			9	8				
	1				2	7		
	8	2						1
			3	4			2	8

Puzzle #171 – Fácil

					5			7
	4	7	9					
						2	6	9
	9		2	1			8	
2			4		3			6
	1			9	6		3	
4	6	5						
					9	6	5	
1			5					

Puzzle #172 – Fácil

8				7		1		
			4		8	9		
		1			9		8	
7	2	5						
	8		2		7		6	
						8	2	7
	5		7			2		
		4	5		1			
		9		6				3

Puzzle #173 – Fácil

							8	5
3			7		4	9		2
1	2		5					
							3	7
	4						6	
8	1							
					2		5	9
4		6	3		5			1
2	3							

Puzzle #174 – Fácil

5	4	3			8			
	7				6			
	9	8	5	1				
			6		9	4		1
				7				
1		9	4		3			
				9	4	2	3	
			2				5	
			7			8	1	9

Puzzle #175 – Fácil

	1	2	9	3			7	
	4			7	6			8
	9							
	6		7		8	5		
		4	2		1		3	
							1	
9			6	1			8	
	2			9	3	7	5	

Puzzle #176 – Fácil

3	1				9	7		
					7	1	6	2
		7						3
	6							9
1			9	6	4			5
8							1	
9						2		
6	3	2	8					
		4	6				3	8

Puzzle #177 – Fácil

	1	9			2	3		
3								
			1			5	7	
7				6	9	4		
	4	6				1	3	
		5	3	1				6
	9	2			6			
								5
		7	2			6	9	

Puzzle #178 – Fácil

					8			
	9	7		5	3			6
				1		2	9	
7					9	1	8	
	5						9	
6	1		8					7
3	8		2					
9		1	7			2	4	
			1					

Puzzle #179 – Fácil

			9			2		
					8	7		6
			7		2		4	3
4	5		3			6		
3								7
		8			9		5	4
8	4		2		5			
7		5	8					
		6			4			

Puzzle #180 – Fácil

	7					3		
8	1					5		6
				6	4		9	
		2	4	5				
1								7
				3	9	2		
	3		6	8				
7		1					2	9
		8					1	

Puzzle #181 – Fácil

	4				3	1		
			4	6	7			
3	7	6			5			
					1	6	5	2
9	6	1	5					
			7			9	1	5
			8	5	6			
		3	2				4	

Puzzle #182 – Fácil

				3	4		7	6
		7	5		1	3		
							8	
4					7			
3		5		1		2		8
			4					5
	6							
		8	3		5	1		
7	5		6	2				

Puzzle #183 – Fácil

1			9		2			
3	5		8	4	6			
4						7		
		2		8				4
			2		7			
6				1		5		
		4						5
			4	9	3		6	7
			7		8			9

Puzzle #184 – Fácil

2	9				6	1		4
		6					3	
			4			7		
	8			5				
6		7				3		8
				2			1	
		2			5			
	7					5		
5		4	9				6	1

Puzzle #185 – Fácil

6						8		
	9	2	6				4	
	4	5	2					
	8				5			
	1	7	9	8	2	6	3	
			3				2	
					9	5	7	
	6				3	2	8	
		8						3

Puzzle #186 – Fácil

	5		8					1
			7	9	5	2	6	
3							9	8
5				4	9			
			5	6				4
7	4							6
	6	5	2	7	3			
2					4		8	

Puzzle #187 – Fácil

				7	2	3	6	
		2			9			
	3	9		6			7	
	6		7			5		
9	2						4	6
		5			6		8	
	9			8		4	5	
			1			9		
	4	8	9	2				

Puzzle #188 – Fácil

1		4	2		6			7
						2	4	9
		8			4			5
			7					4
			8	5	9			
5					1			
2			9			8		
7	3	5						
8			5		2	7		6

Puzzle #189 – Fácil

			1	6				
		3			5			
			9		2	4	6	1
7	1			2	9	8	4	
2								3
	3	4	5	7			1	2
8	5	9	2		4			
			8			1		
				5	3			

Puzzle #190 – Fácil

5							2	
		7	9					
		9	5			4	3	1
					8			4
7		2	1		6	9		3
1			4					
4	2	8			3	6		
					9	1		
	7							8

Puzzle #191 – Fácil

					5		4	3
3		6	4	9			8	
				8		6		
							9	8
6			8		9			1
9	4							
		5		3				
	9			1	4	2		7
4	7		2					

Puzzle #192 – Fácil

1	5							
	4	2			5	7		
						6		5
3				7	9			
		7	5	4	6	2		
			2	3				7
5		8						
		1	7			4	3	
							7	1

Puzzle #193 – Fácil

8	1				6		3	
	4					8		
	7	9	3		5			
				1	8	9		
1								4
		3	9	7				
			4		9	1	6	
		1					9	
	3		1				2	8

Puzzle #194 – Fácil

4	8	7	2	6				9
2				3	4			
	9	3						
			5			9		
	2		4		1		7	
		1			3			
						1	9	
			3	4				2
6				1	9	4	8	3

Puzzle #195 – Fácil

				4		3		5
2	5	6	3				8	
								6
	1	4		3	9			
5				8				4
			2	7		5	1	
8								
	7				3	2	9	8
9		2		1				

Puzzle #196 – Fácil

2					7	6	9	3
					5		2	
1			6					
8		9	7					
		1				5		
					1	9		7
					3			1
	8		2					
6	1	3	9					8

Puzzle #197 – Fácil

4	3		5					
9					2			
2				6	8	5		
							2	7
3	5						9	1
8	2							
		3	7	9				4
			4					8
					1		7	5

Puzzle #198 – Fácil

7	3		9	2		6	1	
1		8						
				7				
			2			7	3	
		2		8		5		
	1	7			5			
				4				
						3		8
	2	3		6	1		4	5

Puzzle #199 – Fácil

	2	7	1				6	
3				7		8		
1	8	5	9	6			3	
2	9	8						
						9	5	7
	7		4	1		6	9	3
		1		9				4
	4				6	1	7	

Puzzle #200 – Fácil

Soluciones a los Sudokus individuales

9	1	6	5	8	3	2	7	4
7	5	2	9	4	1	3	8	6
3	4	8	7	2	6	5	9	1
1	6	9	8	3	7	4	5	2
2	8	5	6	9	4	1	3	7
4	7	3	1	5	2	9	6	8
8	2	7	3	1	5	6	4	9
5	9	1	4	6	8	7	2	3
6	3	4	2	7	9	8	1	5

Solución al puzzle #1

8	2	4	3	1	7	6	5	9
9	1	6	2	8	5	3	4	7
5	3	7	9	6	4	8	2	1
6	7	3	5	9	1	2	8	4
1	5	8	4	7	2	9	3	6
4	9	2	6	3	8	7	1	5
2	6	1	8	5	9	4	7	3
3	4	5	7	2	6	1	9	8
7	8	9	1	4	3	5	6	2

Solución al puzzle #2

4	7	5	2	9	1	6	8	3
2	3	6	4	5	8	9	7	1
8	9	1	7	3	6	5	2	4
3	2	8	6	4	9	1	5	7
5	6	9	1	8	7	3	4	2
1	4	7	3	2	5	8	6	9
6	8	2	9	1	4	7	3	5
7	1	4	5	6	3	2	9	8
9	5	3	8	7	2	4	1	6

Solución al puzzle #3

8	1	6	2	9	4	7	5	3
2	4	5	3	7	6	8	9	1
9	7	3	5	8	1	4	2	6
4	2	9	6	5	7	1	3	8
3	6	7	8	1	2	9	4	5
1	5	8	9	4	3	2	6	7
5	9	2	1	3	8	6	7	4
6	8	4	7	2	5	3	1	9
7	3	1	4	6	9	5	8	2

Solución al puzzle #4

1	2	9	8	3	4	5	7	6
4	7	8	6	5	1	3	2	9
5	3	6	9	2	7	8	1	4
3	9	2	5	6	8	1	4	7
6	4	5	1	7	3	9	8	2
8	1	7	4	9	2	6	5	3
7	5	3	2	8	9	4	6	1
9	6	4	7	1	5	2	3	8
2	8	1	3	4	6	7	9	5

Solución al puzzle #5

8	4	9	7	2	5	1	3	6
5	7	3	1	8	6	4	9	2
2	6	1	3	9	4	8	5	7
3	8	6	4	1	7	5	2	9
4	2	7	8	5	9	3	6	1
9	1	5	6	3	2	7	4	8
7	9	2	5	4	8	6	1	3
6	3	4	2	7	1	9	8	5
1	5	8	9	6	3	2	7	4

Solución al puzzle #6

1	6	9	5	4	7	2	3	8
4	5	3	2	6	8	1	7	9
2	8	7	3	9	1	4	6	5
6	3	4	8	2	5	7	9	1
5	9	1	6	7	3	8	4	2
7	2	8	9	1	4	6	5	3
3	1	2	7	5	6	9	8	4
8	4	6	1	3	9	5	2	7
9	7	5	4	8	2	3	1	6

Solución al puzzle #7

8	7	1	3	5	6	2	4	9
6	4	9	2	8	1	3	7	5
5	2	3	4	7	9	6	1	8
1	9	8	6	3	5	7	2	4
2	6	5	7	4	8	9	3	1
7	3	4	1	9	2	5	8	6
9	5	7	8	1	3	4	6	2
3	1	2	9	6	4	8	5	7
4	8	6	5	2	7	1	9	3

Solución al puzzle #8

4	5	3	1	7	2	6	9	8
7	2	8	4	9	6	1	5	3
9	6	1	5	3	8	7	4	2
1	8	2	6	4	7	9	3	5
6	7	9	2	5	3	8	1	4
5	3	4	9	8	1	2	7	6
3	1	7	8	2	5	4	6	9
8	9	5	7	6	4	3	2	1
2	4	6	3	1	9	5	8	7

Solución al puzzle #9

1	9	8	2	7	5	4	3	6
5	6	3	4	1	8	2	7	9
2	7	4	6	3	9	1	5	8
7	1	9	8	4	6	5	2	3
6	3	5	7	9	2	8	1	4
4	8	2	3	5	1	6	9	7
9	5	6	1	8	3	7	4	2
3	2	7	5	6	4	9	8	1
8	4	1	9	2	7	3	6	5

Solución al puzzle #10

6	5	8	7	9	1	4	2	3
9	2	3	5	4	8	7	6	1
1	7	4	6	2	3	9	8	5
5	8	6	3	7	4	2	1	9
2	4	7	9	1	6	5	3	8
3	9	1	2	8	5	6	4	7
7	6	5	1	3	2	8	9	4
8	3	9	4	6	7	1	5	2
4	1	2	8	5	9	3	7	6

Solución al puzzle #11

1	9	2	8	5	4	7	6	3
6	4	3	7	2	9	8	5	1
8	7	5	6	3	1	2	4	9
9	3	8	5	4	7	1	2	6
2	6	4	1	9	8	5	3	7
7	5	1	2	6	3	9	8	4
3	8	9	4	1	2	6	7	5
5	1	7	3	8	6	4	9	2
4	2	6	9	7	5	3	1	8

Solución al puzzle #12

2	9	6	3	5	4	1	8	7
3	8	4	7	1	2	5	9	6
1	5	7	9	6	8	3	2	4
6	1	8	4	2	5	9	7	3
7	3	2	1	8	9	6	4	5
9	4	5	6	3	7	2	1	8
8	6	9	2	4	3	7	5	1
4	2	3	5	7	1	8	6	9
5	7	1	8	9	6	4	3	2

Solución al puzzle #13

9	4	1	5	2	8	6	7	3
6	3	8	1	7	9	2	4	5
7	2	5	3	6	4	8	1	9
1	6	4	7	8	5	9	3	2
2	8	3	9	1	6	4	5	7
5	7	9	2	4	3	1	6	8
3	5	2	6	9	1	7	8	4
8	1	7	4	3	2	5	9	6
4	9	6	8	5	7	3	2	1

Solución al puzzle #14

3	9	7	5	6	2	1	4	8
4	2	1	9	8	3	7	6	5
8	6	5	1	7	4	9	3	2
7	3	4	8	9	5	6	2	1
2	1	9	6	3	7	8	5	4
5	8	6	2	4	1	3	9	7
1	7	2	3	5	9	4	8	6
9	5	8	4	1	6	2	7	3
6	4	3	7	2	8	5	1	9

Solución al puzzle #15

7	6	3	8	5	1	9	2	4
2	1	8	4	9	3	5	6	7
5	4	9	6	7	2	1	8	3
3	8	2	5	4	7	6	9	1
9	5	4	1	3	6	2	7	8
1	7	6	2	8	9	4	3	5
4	9	5	7	2	8	3	1	6
6	3	7	9	1	4	8	5	2
8	2	1	3	6	5	7	4	9

Solución al puzzle #16

8	4	3	7	6	2	5	1	9
5	7	6	9	1	8	3	2	4
1	2	9	4	5	3	8	7	6
2	3	1	6	8	5	4	9	7
9	6	5	3	7	4	2	8	1
7	8	4	1	2	9	6	3	5
4	1	2	5	3	7	9	6	8
3	9	7	8	4	6	1	5	2
6	5	8	2	9	1	7	4	3

Solución al puzzle #17

8	4	6	7	5	2	3	1	9
2	9	1	4	8	3	7	5	6
7	3	5	1	9	6	2	4	8
9	2	8	5	6	4	1	7	3
3	5	7	2	1	9	6	8	4
1	6	4	8	3	7	9	2	5
4	7	3	6	2	5	8	9	1
5	1	9	3	7	8	4	6	2
6	8	2	9	4	1	5	3	7

Solución al puzzle #18

2	3	5	1	7	6	8	9	4
1	7	4	5	8	9	3	6	2
8	6	9	4	3	2	5	1	7
4	2	7	6	1	5	9	3	8
9	5	6	8	2	3	4	7	1
3	8	1	7	9	4	2	5	6
7	9	3	2	4	1	6	8	5
5	1	2	9	6	8	7	4	3
6	4	8	3	5	7	1	2	9

Solución al puzzle #19

4	8	9	2	5	3	7	6	1
6	3	1	9	4	7	2	8	5
5	2	7	1	6	8	9	3	4
3	1	6	5	7	2	4	9	8
2	9	5	8	3	4	6	1	7
8	7	4	6	9	1	3	5	2
7	6	8	4	1	9	5	2	3
9	4	2	3	8	5	1	7	6
1	5	3	7	2	6	8	4	9

Solución al puzzle #20

1	3	8	4	6	2	9	7	5
2	9	7	8	5	3	6	1	4
6	5	4	9	7	1	3	2	8
3	1	6	5	2	8	4	9	7
7	8	5	1	4	9	2	3	6
9	4	2	6	3	7	8	5	1
8	2	9	7	1	6	5	4	3
5	7	3	2	8	4	1	6	9
4	6	1	3	9	5	7	8	2

Solución al puzzle #21

1	6	7	8	2	3	9	4	5
2	8	3	4	9	5	7	6	1
9	5	4	1	6	7	3	2	8
7	4	9	3	1	6	5	8	2
5	1	6	7	8	2	4	3	9
8	3	2	5	4	9	1	7	6
4	7	8	6	5	1	2	9	3
6	2	5	9	3	4	8	1	7
3	9	1	2	7	8	6	5	4

Solución al puzzle #22

6	2	4	9	3	7	5	1	8
5	9	1	8	4	2	6	3	7
3	8	7	6	1	5	4	2	9
9	5	2	4	7	1	3	8	6
7	1	8	5	6	3	9	4	2
4	3	6	2	9	8	7	5	1
2	7	3	1	5	9	8	6	4
1	4	9	3	8	6	2	7	5
8	6	5	7	2	4	1	9	3

Solución al puzzle #23

8	1	3	6	2	7	4	5	9
9	7	6	5	8	4	2	3	1
5	4	2	9	3	1	7	8	6
2	8	9	4	1	3	6	7	5
7	6	5	2	9	8	1	4	3
1	3	4	7	6	5	9	2	8
3	9	7	8	4	6	5	1	2
6	5	8	1	7	2	3	9	4
4	2	1	3	5	9	8	6	7

Solución al puzzle #24

1	5	7	2	3	9	6	8	4
8	2	3	6	4	1	7	5	9
6	4	9	8	5	7	3	1	2
9	6	1	3	7	8	4	2	5
7	8	4	5	1	2	9	6	3
2	3	5	9	6	4	1	7	8
4	9	6	7	8	5	2	3	1
5	7	2	1	9	3	8	4	6
3	1	8	4	2	6	5	9	7

Solución al puzzle #25

1	9	5	3	4	2	8	6	7
6	2	7	1	5	8	9	4	3
3	4	8	7	6	9	2	1	5
2	8	3	9	1	6	5	7	4
5	7	6	8	2	4	1	3	9
9	1	4	5	7	3	6	8	2
7	3	2	6	9	1	4	5	8
4	5	1	2	8	7	3	9	6
8	6	9	4	3	5	7	2	1

Solución al puzzle #26

1	9	3	2	6	8	5	7	4
6	2	7	5	4	1	9	8	3
8	4	5	7	9	3	6	1	2
2	7	1	3	8	6	4	5	9
4	8	6	9	2	5	1	3	7
5	3	9	1	7	4	8	2	6
3	5	4	6	1	7	2	9	8
7	6	2	8	5	9	3	4	1
9	1	8	4	3	2	7	6	5

Solución al puzzle #27

8	6	5	1	2	3	9	7	4
7	9	1	8	4	5	2	3	6
4	3	2	7	6	9	8	5	1
1	5	9	3	7	2	4	6	8
2	8	3	6	5	4	1	9	7
6	4	7	9	1	8	3	2	5
3	7	8	4	9	6	5	1	2
9	2	6	5	8	1	7	4	3
5	1	4	2	3	7	6	8	9

Solución al puzzle #28

4	1	6	9	2	7	3	8	5
9	2	7	5	8	3	4	6	1
3	5	8	4	6	1	7	9	2
6	3	1	8	4	2	5	7	9
8	9	5	1	7	6	2	3	4
7	4	2	3	9	5	8	1	6
5	7	4	6	1	8	9	2	3
1	8	9	2	3	4	6	5	7
2	6	3	7	5	9	1	4	8

Solución al puzzle #29

2	1	4	5	9	6	3	7	8
7	9	3	1	8	2	6	4	5
5	6	8	3	4	7	9	2	1
9	2	1	6	7	3	8	5	4
6	4	7	9	5	8	1	3	2
3	8	5	2	1	4	7	6	9
1	7	9	4	3	5	2	8	6
4	3	6	8	2	1	5	9	7
8	5	2	7	6	9	4	1	3

Solución al puzzle #30

1	4	8	6	2	5	9	7	3
2	7	6	9	1	3	5	8	4
9	3	5	7	4	8	2	1	6
6	5	4	2	9	7	1	3	8
3	2	9	1	8	4	7	6	5
8	1	7	5	3	6	4	2	9
7	8	1	3	5	9	6	4	2
5	6	3	4	7	2	8	9	1
4	9	2	8	6	1	3	5	7

Solución al puzzle #31

1	9	6	3	4	5	8	7	2
3	7	5	8	6	2	4	1	9
4	2	8	7	9	1	3	6	5
5	6	1	2	3	9	7	8	4
8	3	2	4	7	6	5	9	1
9	4	7	5	1	8	2	3	6
2	1	4	9	8	7	6	5	3
6	8	3	1	5	4	9	2	7
7	5	9	6	2	3	1	4	8

Solución al puzzle #32

9	8	2	3	6	5	1	7	4
5	6	1	2	4	7	9	3	8
7	4	3	9	8	1	2	6	5
2	9	7	8	3	4	6	5	1
3	1	6	5	7	9	4	8	2
8	5	4	1	2	6	3	9	7
4	2	9	6	5	8	7	1	3
6	7	8	4	1	3	5	2	9
1	3	5	7	9	2	8	4	6

Solución al puzzle #33

1	4	8	2	7	3	6	5	9
7	5	9	4	8	6	3	1	2
3	6	2	9	1	5	7	8	4
9	8	1	5	6	7	2	4	3
2	3	6	1	4	8	9	7	5
4	7	5	3	9	2	8	6	1
5	2	7	6	3	4	1	9	8
8	1	4	7	2	9	5	3	6
6	9	3	8	5	1	4	2	7

Solución al puzzle #34

6	9	2	8	7	1	5	4	3
1	8	7	3	4	5	9	6	2
5	4	3	6	9	2	1	8	7
8	5	4	7	1	6	3	2	9
3	7	9	5	2	4	6	1	8
2	1	6	9	8	3	4	7	5
4	3	1	2	5	7	8	9	6
7	6	8	4	3	9	2	5	1
9	2	5	1	6	8	7	3	4

Solución al puzzle #35

8	1	2	4	9	6	7	5	3
7	5	9	8	2	3	1	6	4
4	3	6	5	1	7	9	2	8
6	2	4	3	7	5	8	9	1
9	7	3	6	8	1	2	4	5
1	8	5	2	4	9	6	3	7
3	6	1	9	5	8	4	7	2
2	9	8	7	3	4	5	1	6
5	4	7	1	6	2	3	8	9

Solución al puzzle #36

1	9	7	3	2	8	5	6	4
5	2	6	7	1	4	8	9	3
8	4	3	5	6	9	1	2	7
6	5	9	1	7	3	2	4	8
2	7	4	8	5	6	9	3	1
3	8	1	4	9	2	6	7	5
9	1	5	2	4	7	3	8	6
7	6	8	9	3	5	4	1	2
4	3	2	6	8	1	7	5	9

Solución al puzzle #37

3	5	8	9	7	6	2	1	4
6	2	7	1	4	8	9	3	5
1	4	9	5	2	3	6	8	7
2	6	5	3	8	1	4	7	9
9	7	1	4	5	2	3	6	8
8	3	4	6	9	7	1	5	2
7	1	2	8	3	9	5	4	6
4	9	6	7	1	5	8	2	3
5	8	3	2	6	4	7	9	1

Solución al puzzle #38

9	2	8	4	5	6	1	7	3
1	6	3	8	7	9	4	2	5
5	7	4	2	3	1	6	8	9
6	3	7	1	9	8	2	5	4
8	9	2	3	4	5	7	1	6
4	5	1	7	6	2	9	3	8
2	4	5	9	8	7	3	6	1
3	1	6	5	2	4	8	9	7
7	8	9	6	1	3	5	4	2

Solución al puzzle #39

5	6	7	3	2	1	4	9	8
9	3	8	7	4	5	1	2	6
1	4	2	9	6	8	5	3	7
4	9	1	8	7	3	2	6	5
3	7	6	4	5	2	9	8	1
2	8	5	6	1	9	7	4	3
7	1	4	2	3	6	8	5	9
6	5	9	1	8	4	3	7	2
8	2	3	5	9	7	6	1	4

Solución al puzzle #40

9	4	3	6	1	7	8	5	2
1	5	7	8	3	2	4	9	6
2	6	8	9	5	4	1	7	3
8	3	2	1	7	6	5	4	9
6	1	5	4	9	3	7	2	8
4	7	9	2	8	5	6	3	1
7	8	1	5	2	9	3	6	4
3	2	4	7	6	8	9	1	5
5	9	6	3	4	1	2	8	7

Solución al puzzle #41

4	1	6	7	9	2	5	3	8
8	7	5	4	6	3	9	1	2
9	3	2	1	8	5	6	7	4
5	2	9	3	1	8	7	4	6
1	6	7	9	2	4	3	8	5
3	4	8	5	7	6	1	2	9
2	9	4	6	3	7	8	5	1
6	8	3	2	5	1	4	9	7
7	5	1	8	4	9	2	6	3

Solución al puzzle #42

3	5	2	4	6	9	7	1	8
4	6	8	3	1	7	2	5	9
9	1	7	8	5	2	6	3	4
8	2	4	5	3	6	9	7	1
1	7	6	2	9	8	3	4	5
5	3	9	1	7	4	8	2	6
2	9	1	6	4	3	5	8	7
7	8	5	9	2	1	4	6	3
6	4	3	7	8	5	1	9	2

Solución al puzzle #43

2	3	6	9	8	7	4	1	5
9	5	4	1	6	2	7	3	8
8	1	7	3	5	4	9	6	2
3	7	8	5	1	9	6	2	4
5	6	2	4	7	3	1	8	9
4	9	1	6	2	8	5	7	3
7	2	9	8	4	1	3	5	6
6	8	3	7	9	5	2	4	1
1	4	5	2	3	6	8	9	7

Solución al puzzle #44

3	1	6	7	9	2	5	4	8
4	8	2	1	3	5	6	7	9
7	5	9	8	4	6	2	1	3
5	7	3	6	8	1	4	9	2
6	2	8	9	7	4	1	3	5
1	9	4	2	5	3	7	8	6
8	6	5	4	1	9	3	2	7
2	4	7	3	6	8	9	5	1
9	3	1	5	2	7	8	6	4

Solución al puzzle #45

1	2	7	5	6	3	9	8	4
4	6	9	1	8	7	5	2	3
8	5	3	4	2	9	1	7	6
7	4	8	6	1	5	3	9	2
2	3	6	7	9	4	8	5	1
5	9	1	2	3	8	6	4	7
3	8	2	9	7	6	4	1	5
9	7	5	3	4	1	2	6	8
6	1	4	8	5	2	7	3	9

Solución al puzzle #46

4	2	8	7	6	3	9	5	1
7	5	1	8	9	2	6	3	4
9	3	6	1	5	4	8	2	7
2	6	5	3	1	8	4	7	9
1	9	7	6	4	5	3	8	2
8	4	3	9	2	7	5	1	6
5	1	4	2	8	6	7	9	3
6	7	2	5	3	9	1	4	8
3	8	9	4	7	1	2	6	5

Solución al puzzle #47

9	1	8	2	4	6	7	3	5
2	4	7	9	5	3	1	6	8
3	5	6	7	1	8	9	2	4
5	2	9	6	7	4	3	8	1
8	6	4	3	2	1	5	9	7
1	7	3	8	9	5	6	4	2
6	3	2	5	8	7	4	1	9
7	8	1	4	6	9	2	5	3
4	9	5	1	3	2	8	7	6

Solución al puzzle #48

2	1	6	5	3	8	9	4	7
3	5	7	4	9	6	8	2	1
4	8	9	7	1	2	5	3	6
1	9	3	6	5	7	2	8	4
7	4	2	1	8	3	6	5	9
8	6	5	9	2	4	7	1	3
6	3	4	2	7	5	1	9	8
9	2	8	3	6	1	4	7	5
5	7	1	8	4	9	3	6	2

Solución al puzzle #49

7	8	4	6	1	5	3	2	9
1	6	3	9	2	7	5	8	4
9	2	5	4	8	3	1	6	7
3	4	2	1	7	8	6	9	5
8	7	9	5	3	6	4	1	2
5	1	6	2	9	4	7	3	8
2	3	7	8	4	1	9	5	6
6	9	1	7	5	2	8	4	3
4	5	8	3	6	9	2	7	1

Solución al puzzle #50

1	2	9	5	3	7	8	4	6
8	5	3	4	2	6	7	9	1
4	7	6	8	1	9	5	2	3
7	6	1	9	5	4	3	8	2
3	9	4	2	7	8	1	6	5
2	8	5	3	6	1	9	7	4
5	3	7	6	8	2	4	1	9
6	4	8	1	9	3	2	5	7
9	1	2	7	4	5	6	3	8

Solución al puzzle #51

5	8	7	2	3	4	9	6	1
2	9	3	8	6	1	4	7	5
6	4	1	7	5	9	8	3	2
9	3	8	5	2	7	6	1	4
1	2	4	9	8	6	7	5	3
7	6	5	1	4	3	2	9	8
8	7	9	3	1	2	5	4	6
4	1	2	6	9	5	3	8	7
3	5	6	4	7	8	1	2	9

Solución al puzzle #52

4	9	6	5	1	3	2	7	8
8	3	5	2	6	7	4	1	9
2	7	1	9	4	8	3	5	6
5	4	3	7	9	1	8	6	2
7	8	9	6	2	5	1	3	4
1	6	2	8	3	4	5	9	7
9	5	4	1	8	6	7	2	3
6	1	8	3	7	2	9	4	5
3	2	7	4	5	9	6	8	1

Solución al puzzle #53

9	1	5	4	2	3	7	6	8
6	2	8	9	7	5	4	1	3
4	7	3	6	8	1	2	9	5
8	9	1	7	4	6	5	3	2
5	3	6	2	1	8	9	7	4
7	4	2	3	5	9	1	8	6
3	5	9	1	6	4	8	2	7
1	8	7	5	3	2	6	4	9
2	6	4	8	9	7	3	5	1

Solución al puzzle #54

1	6	4	9	5	3	2	7	8
2	3	9	8	4	7	1	6	5
8	7	5	1	6	2	9	3	4
6	9	2	5	7	1	8	4	3
5	4	3	2	9	8	6	1	7
7	1	8	4	3	6	5	2	9
3	2	7	6	8	9	4	5	1
9	5	6	3	1	4	7	8	2
4	8	1	7	2	5	3	9	6

Solución al puzzle #55

8	5	2	9	3	6	7	1	4
4	9	7	2	5	1	3	6	8
1	3	6	7	4	8	2	5	9
2	6	4	8	7	5	1	9	3
7	1	5	3	2	9	4	8	6
9	8	3	1	6	4	5	7	2
3	4	8	5	9	7	6	2	1
5	2	1	6	8	3	9	4	7
6	7	9	4	1	2	8	3	5

Solución al puzzle #56

4	8	1	9	6	5	2	3	7
7	5	6	3	4	2	9	8	1
9	2	3	7	1	8	5	6	4
1	9	4	5	2	6	3	7	8
3	7	5	1	8	9	6	4	2
8	6	2	4	7	3	1	9	5
2	1	8	6	9	4	7	5	3
5	4	9	2	3	7	8	1	6
6	3	7	8	5	1	4	2	9

Solución al puzzle #57

3	7	6	2	4	8	5	1	9
5	9	4	7	6	1	3	2	8
1	2	8	5	3	9	4	7	6
4	1	7	9	5	3	8	6	2
9	6	3	4	8	2	1	5	7
8	5	2	6	1	7	9	3	4
2	3	5	8	7	4	6	9	1
7	4	1	3	9	6	2	8	5
6	8	9	1	2	5	7	4	3

Solución al puzzle #58

9	5	1	2	6	8	3	4	7
3	2	7	4	5	1	8	6	9
4	8	6	3	7	9	1	2	5
5	6	8	1	3	4	7	9	2
1	7	3	6	9	2	4	5	8
2	4	9	7	8	5	6	3	1
7	9	2	8	4	3	5	1	6
8	3	5	9	1	6	2	7	4
6	1	4	5	2	7	9	8	3

Solución al puzzle #59

3	8	7	5	4	1	6	2	9
9	1	4	2	6	7	8	5	3
2	6	5	8	9	3	4	1	7
7	9	3	4	2	6	5	8	1
8	5	6	1	7	9	2	3	4
1	4	2	3	5	8	7	9	6
4	3	8	7	1	2	9	6	5
5	2	9	6	3	4	1	7	8
6	7	1	9	8	5	3	4	2

Solución al puzzle #60

1	7	2	3	9	4	5	8	6
9	5	6	8	7	1	2	3	4
8	4	3	6	2	5	7	9	1
5	1	9	7	3	2	4	6	8
3	8	7	4	6	9	1	2	5
6	2	4	5	1	8	9	7	3
7	3	5	9	4	6	8	1	2
4	9	1	2	8	3	6	5	7
2	6	8	1	5	7	3	4	9

Solución al puzzle #61

9	2	7	3	6	4	1	8	5
1	6	3	8	5	7	9	4	2
5	4	8	9	1	2	7	3	6
7	9	6	4	8	3	2	5	1
8	1	2	5	7	6	3	9	4
4	3	5	2	9	1	6	7	8
2	5	9	1	3	8	4	6	7
3	7	4	6	2	5	8	1	9
6	8	1	7	4	9	5	2	3

Solución al puzzle #62

1	5	8	2	3	6	4	9	7
6	9	2	7	4	5	8	3	1
7	3	4	8	9	1	5	2	6
4	1	3	5	6	9	7	8	2
9	2	5	4	7	8	1	6	3
8	6	7	3	1	2	9	5	4
5	4	1	9	2	3	6	7	8
2	7	9	6	8	4	3	1	5
3	8	6	1	5	7	2	4	9

Solución al puzzle #63

7	3	4	8	1	2	9	6	5
6	2	9	4	7	5	1	8	3
1	5	8	3	9	6	2	4	7
8	1	5	9	4	3	6	7	2
4	7	2	5	6	8	3	1	9
9	6	3	7	2	1	8	5	4
2	8	7	6	3	4	5	9	1
5	4	1	2	8	9	7	3	6
3	9	6	1	5	7	4	2	8

Solución al puzzle #64

1	6	5	7	2	4	3	8	9
4	9	7	6	3	8	1	2	5
8	2	3	1	5	9	6	7	4
2	5	9	4	7	6	8	1	3
6	8	4	5	1	3	2	9	7
7	3	1	8	9	2	4	5	6
3	7	8	9	6	1	5	4	2
5	1	6	2	4	7	9	3	8
9	4	2	3	8	5	7	6	1

Solución al puzzle #65

7	8	4	1	9	6	3	2	5
5	9	6	2	3	8	4	1	7
1	3	2	7	5	4	6	8	9
2	7	3	5	1	9	8	4	6
9	6	1	8	4	2	5	7	3
4	5	8	3	6	7	1	9	2
3	1	9	4	2	5	7	6	8
8	2	5	6	7	1	9	3	4
6	4	7	9	8	3	2	5	1

Solución al puzzle #66

6	8	9	5	2	3	1	4	7
1	4	2	7	6	8	5	3	9
3	5	7	9	4	1	6	2	8
8	1	6	3	9	7	2	5	4
2	7	4	8	5	6	9	1	3
9	3	5	4	1	2	7	8	6
4	6	1	2	3	9	8	7	5
7	2	3	6	8	5	4	9	1
5	9	8	1	7	4	3	6	2

Solución al puzzle #67

5	2	8	6	1	9	3	7	4
9	7	4	8	2	3	5	1	6
3	6	1	7	4	5	8	2	9
8	9	2	5	7	4	1	6	3
1	4	3	2	6	8	7	9	5
6	5	7	9	3	1	4	8	2
4	8	5	1	9	6	2	3	7
7	1	6	3	5	2	9	4	8
2	3	9	4	8	7	6	5	1

Solución al puzzle #68

7	8	5	3	1	2	9	6	4
9	4	1	8	6	5	7	3	2
3	6	2	4	7	9	8	5	1
8	1	9	7	5	4	6	2	3
6	5	3	1	2	8	4	7	9
2	7	4	6	9	3	1	8	5
1	2	7	5	4	6	3	9	8
4	9	8	2	3	7	5	1	6
5	3	6	9	8	1	2	4	7

Solución al puzzle #69

4	6	5	8	7	3	2	1	9
3	2	7	5	1	9	8	6	4
9	1	8	4	6	2	5	3	7
1	3	2	7	9	5	6	4	8
7	9	4	6	8	1	3	5	2
5	8	6	3	2	4	9	7	1
2	7	9	1	5	6	4	8	3
8	5	3	2	4	7	1	9	6
6	4	1	9	3	8	7	2	5

Solución al puzzle #70

1	5	4	9	6	3	2	8	7
8	2	3	1	7	5	9	4	6
9	6	7	2	8	4	3	5	1
4	3	9	6	2	8	1	7	5
5	7	2	3	4	1	8	6	9
6	8	1	5	9	7	4	2	3
2	4	5	7	3	9	6	1	8
7	9	6	8	1	2	5	3	4
3	1	8	4	5	6	7	9	2

Solución al puzzle #71

4	2	5	1	8	7	9	3	6
7	6	8	3	9	2	5	1	4
3	1	9	6	4	5	2	7	8
6	9	1	2	7	8	3	4	5
8	4	2	5	3	9	1	6	7
5	7	3	4	1	6	8	9	2
1	3	6	8	2	4	7	5	9
2	5	7	9	6	3	4	8	1
9	8	4	7	5	1	6	2	3

Solución al puzzle #72

5	6	1	4	7	2	9	3	8
9	4	2	8	3	1	6	7	5
3	8	7	9	5	6	2	4	1
4	5	9	1	2	3	7	8	6
8	2	6	7	4	5	3	1	9
1	7	3	6	9	8	4	5	2
7	9	5	2	1	4	8	6	3
6	3	4	5	8	9	1	2	7
2	1	8	3	6	7	5	9	4

Solución al puzzle #73

9	6	7	4	2	5	8	3	1
5	3	8	6	7	1	9	2	4
2	1	4	3	9	8	6	7	5
7	4	9	2	8	3	5	1	6
6	8	5	9	1	7	3	4	2
3	2	1	5	6	4	7	8	9
4	7	2	8	5	6	1	9	3
8	9	6	1	3	2	4	5	7
1	5	3	7	4	9	2	6	8

Solución al puzzle #74

4	6	3	2	9	8	5	1	7
7	1	8	3	5	4	9	6	2
5	9	2	7	1	6	3	8	4
9	3	7	1	4	2	8	5	6
2	5	6	9	8	7	1	4	3
1	8	4	5	6	3	7	2	9
3	4	1	6	7	5	2	9	8
8	2	9	4	3	1	6	7	5
6	7	5	8	2	9	4	3	1

Solución al puzzle #75

8	7	1	6	4	3	9	5	2
2	3	6	7	5	9	4	8	1
9	4	5	8	1	2	7	6	3
1	2	7	3	8	5	6	9	4
5	9	4	2	6	1	8	3	7
3	6	8	9	7	4	1	2	5
6	8	2	1	3	7	5	4	9
7	5	9	4	2	6	3	1	8
4	1	3	5	9	8	2	7	6

Solución al puzzle #76

8	6	9	3	7	5	4	2	1
4	7	5	8	1	2	9	6	3
2	3	1	6	9	4	5	7	8
5	2	6	7	3	1	8	4	9
9	1	7	4	5	8	6	3	2
3	8	4	2	6	9	7	1	5
6	4	8	5	2	3	1	9	7
7	9	3	1	8	6	2	5	4
1	5	2	9	4	7	3	8	6

Solución al puzzle #77

8	5	2	3	6	7	4	1	9
4	3	6	9	1	8	2	5	7
1	9	7	4	2	5	6	8	3
6	2	8	7	5	4	9	3	1
5	1	4	6	3	9	8	7	2
3	7	9	2	8	1	5	6	4
2	4	1	8	7	6	3	9	5
7	8	3	5	9	2	1	4	6
9	6	5	1	4	3	7	2	8

Solución al puzzle #78

2	7	5	9	1	6	4	3	8
9	3	6	8	2	4	1	7	5
4	8	1	3	7	5	2	6	9
3	4	8	2	9	7	6	5	1
5	9	7	1	6	8	3	2	4
6	1	2	4	5	3	9	8	7
8	2	4	7	3	1	5	9	6
7	5	9	6	4	2	8	1	3
1	6	3	5	8	9	7	4	2

Solución al puzzle #79

5	3	4	8	1	9	7	6	2
8	2	6	3	7	5	1	9	4
1	7	9	2	4	6	3	8	5
6	4	1	5	3	7	8	2	9
3	9	2	6	8	4	5	1	7
7	8	5	1	9	2	4	3	6
9	6	8	4	5	3	2	7	1
4	1	7	9	2	8	6	5	3
2	5	3	7	6	1	9	4	8

Solución al puzzle #80

6	1	2	7	3	9	4	5	8
4	8	9	1	5	6	3	2	7
5	7	3	8	2	4	9	6	1
2	6	7	4	1	3	8	9	5
1	3	8	6	9	5	2	7	4
9	5	4	2	8	7	1	3	6
3	4	5	9	7	8	6	1	2
8	9	1	5	6	2	7	4	3
7	2	6	3	4	1	5	8	9

Solución al puzzle #81

4	8	5	7	2	9	6	1	3
2	6	3	4	5	1	9	7	8
9	7	1	6	8	3	2	5	4
6	2	9	8	1	5	3	4	7
8	3	7	2	6	4	1	9	5
1	5	4	3	9	7	8	6	2
7	1	6	5	3	8	4	2	9
5	9	8	1	4	2	7	3	6
3	4	2	9	7	6	5	8	1

Solución al puzzle #82

9	5	1	2	7	3	6	8	4
7	4	6	9	8	1	5	2	3
2	8	3	6	5	4	7	9	1
6	7	5	3	1	8	9	4	2
1	9	2	4	6	7	8	3	5
8	3	4	5	9	2	1	6	7
3	6	8	7	2	5	4	1	9
5	2	9	1	4	6	3	7	8
4	1	7	8	3	9	2	5	6

Solución al puzzle #83

3	6	8	1	9	2	7	5	4
9	7	5	8	6	4	2	3	1
2	4	1	3	5	7	8	6	9
1	5	9	7	4	3	6	2	8
8	2	4	5	1	6	3	9	7
7	3	6	9	2	8	1	4	5
5	8	3	2	7	9	4	1	6
6	1	2	4	8	5	9	7	3
4	9	7	6	3	1	5	8	2

Solución al puzzle #84

8	7	2	5	6	4	1	9	3
3	5	9	1	8	2	4	6	7
4	6	1	7	3	9	8	2	5
6	2	4	8	5	3	9	7	1
9	3	8	4	7	1	2	5	6
5	1	7	9	2	6	3	8	4
2	8	6	3	1	7	5	4	9
1	9	5	6	4	8	7	3	2
7	4	3	2	9	5	6	1	8

Solución al puzzle #85

8	9	7	3	2	5	1	4	6
3	6	5	7	4	1	8	9	2
4	2	1	9	8	6	5	3	7
7	3	9	5	1	2	4	6	8
6	1	2	8	3	4	9	7	5
5	8	4	6	7	9	2	1	3
1	7	3	4	5	8	6	2	9
2	5	6	1	9	3	7	8	4
9	4	8	2	6	7	3	5	1

Solución al puzzle #86

6	1	8	3	4	9	7	5	2
7	2	9	5	8	1	4	3	6
5	3	4	2	6	7	8	9	1
2	5	1	6	7	3	9	8	4
9	8	6	4	1	5	2	7	3
4	7	3	9	2	8	6	1	5
1	4	7	8	5	2	3	6	9
8	9	2	1	3	6	5	4	7
3	6	5	7	9	4	1	2	8

Solución al puzzle #87

7	1	3	6	8	5	2	4	9
6	4	9	2	7	3	5	8	1
5	8	2	4	1	9	3	7	6
9	2	5	8	3	7	6	1	4
3	7	4	9	6	1	8	5	2
1	6	8	5	4	2	9	3	7
2	9	1	7	5	8	4	6	3
8	3	6	1	9	4	7	2	5
4	5	7	3	2	6	1	9	8

Solución al puzzle #88

8	9	7	6	1	3	5	2	4
4	3	2	5	8	7	9	6	1
1	6	5	4	2	9	8	3	7
6	5	1	2	9	4	7	8	3
3	2	4	7	5	8	6	1	9
9	7	8	1	3	6	4	5	2
5	4	3	8	7	1	2	9	6
7	8	9	3	6	2	1	4	5
2	1	6	9	4	5	3	7	8

Solución al puzzle #89

6	7	4	1	3	5	9	2	8
9	5	2	4	8	7	3	6	1
1	3	8	6	2	9	7	4	5
2	1	3	8	6	4	5	9	7
5	4	7	9	1	3	2	8	6
8	9	6	5	7	2	4	1	3
3	6	5	2	9	1	8	7	4
4	8	9	7	5	6	1	3	2
7	2	1	3	4	8	6	5	9

Solución al puzzle #90

7	9	1	2	3	5	6	4	8
5	8	2	1	6	4	3	7	9
6	3	4	7	8	9	2	5	1
9	7	6	8	5	2	1	3	4
3	1	5	6	4	7	9	8	2
4	2	8	3	9	1	5	6	7
1	6	3	9	7	8	4	2	5
8	5	9	4	2	3	7	1	6
2	4	7	5	1	6	8	9	3

Solución al puzzle #91

6	1	8	2	7	4	9	5	3
2	4	9	8	3	5	1	6	7
3	5	7	9	6	1	4	2	8
9	6	4	1	5	3	8	7	2
7	3	5	4	8	2	6	1	9
1	8	2	7	9	6	3	4	5
8	2	1	5	4	9	7	3	6
5	7	3	6	1	8	2	9	4
4	9	6	3	2	7	5	8	1

Solución al puzzle #92

2	6	1	5	4	3	7	8	9
7	8	3	2	6	9	1	4	5
5	4	9	7	1	8	3	2	6
3	1	7	8	5	2	6	9	4
4	2	5	1	9	6	8	3	7
8	9	6	4	3	7	5	1	2
6	3	4	9	7	1	2	5	8
1	5	2	6	8	4	9	7	3
9	7	8	3	2	5	4	6	1

Solución al puzzle #93

9	4	8	7	1	6	2	3	5
1	5	7	2	8	3	6	4	9
3	6	2	5	9	4	7	1	8
6	8	1	4	2	5	9	7	3
4	9	5	8	3	7	1	2	6
7	2	3	9	6	1	5	8	4
2	3	6	1	4	9	8	5	7
8	7	4	6	5	2	3	9	1
5	1	9	3	7	8	4	6	2

Solución al puzzle #94

2	9	1	7	6	8	3	4	5
6	3	7	4	5	1	9	2	8
5	4	8	9	3	2	1	7	6
7	1	3	5	4	6	8	9	2
9	2	5	8	7	3	6	1	4
4	8	6	2	1	9	5	3	7
8	7	2	1	9	5	4	6	3
3	5	9	6	2	4	7	8	1
1	6	4	3	8	7	2	5	9

Solución al puzzle #95

4	1	7	2	3	8	5	9	6
9	3	2	5	6	7	1	8	4
5	8	6	4	9	1	3	7	2
8	6	4	9	7	5	2	1	3
1	9	5	3	8	2	4	6	7
2	7	3	1	4	6	9	5	8
7	4	9	6	5	3	8	2	1
6	5	1	8	2	4	7	3	9
3	2	8	7	1	9	6	4	5

Solución al puzzle #96

3	8	7	5	1	4	9	2	6
9	1	4	2	6	8	5	3	7
5	6	2	7	9	3	4	8	1
2	7	5	1	8	9	3	6	4
4	9	6	3	7	2	1	5	8
1	3	8	6	4	5	7	9	2
8	5	1	9	2	7	6	4	3
6	2	9	4	3	1	8	7	5
7	4	3	8	5	6	2	1	9

Solución al puzzle #97

4	9	7	2	6	8	5	3	1
5	3	6	4	1	7	9	8	2
8	1	2	9	5	3	4	7	6
2	7	9	6	8	5	3	1	4
1	5	3	7	4	9	6	2	8
6	8	4	1	3	2	7	5	9
9	4	8	3	7	1	2	6	5
7	2	5	8	9	6	1	4	3
3	6	1	5	2	4	8	9	7

Solución al puzzle #98

3	6	9	8	2	4	1	7	5
7	2	1	5	6	9	3	4	8
4	5	8	1	7	3	9	2	6
1	4	2	6	5	8	7	3	9
6	9	3	7	4	2	8	5	1
5	8	7	9	3	1	2	6	4
8	3	5	4	1	7	6	9	2
2	1	6	3	9	5	4	8	7
9	7	4	2	8	6	5	1	3

Solución al puzzle #99

8	4	6	7	9	1	5	3	2
1	2	7	3	6	5	9	8	4
3	9	5	4	2	8	1	6	7
9	7	1	8	3	6	4	2	5
5	3	2	1	4	9	8	7	6
6	8	4	5	7	2	3	1	9
7	6	3	9	8	4	2	5	1
2	5	9	6	1	3	7	4	8
4	1	8	2	5	7	6	9	3

Solución al puzzle #100

8	1	2	6	9	3	4	5	7
6	7	5	2	4	1	3	8	9
9	4	3	7	5	8	1	6	2
7	8	6	5	1	4	2	9	3
2	5	9	3	6	7	8	4	1
4	3	1	8	2	9	6	7	5
5	9	8	1	3	6	7	2	4
3	6	4	9	7	2	5	1	8
1	2	7	4	8	5	9	3	6

Solución al puzzle #101

4	9	8	5	7	2	6	3	1
1	3	5	6	9	4	2	7	8
6	7	2	8	3	1	4	9	5
9	2	3	7	1	6	5	8	4
5	6	4	9	8	3	1	2	7
8	1	7	2	4	5	3	6	9
2	4	9	3	5	7	8	1	6
7	5	6	1	2	8	9	4	3
3	8	1	4	6	9	7	5	2

Solución al puzzle #102

6	3	9	4	2	1	7	5	8
2	7	1	3	5	8	6	9	4
5	8	4	9	7	6	3	2	1
3	5	8	7	4	9	2	1	6
1	4	7	5	6	2	9	8	3
9	6	2	8	1	3	5	4	7
8	1	5	2	3	7	4	6	9
4	9	3	6	8	5	1	7	2
7	2	6	1	9	4	8	3	5

Solución al puzzle #103

4	1	2	8	3	6	5	9	7
6	5	8	7	9	4	2	1	3
9	3	7	1	2	5	4	8	6
8	9	1	4	6	2	3	7	5
5	4	3	9	7	1	6	2	8
2	7	6	3	5	8	9	4	1
7	6	4	2	8	3	1	5	9
1	8	5	6	4	9	7	3	2
3	2	9	5	1	7	8	6	4

Solución al puzzle #104

7	9	2	3	8	5	4	1	6
1	6	3	2	4	7	8	5	9
8	5	4	6	1	9	2	7	3
4	8	6	5	7	3	9	2	1
2	7	9	1	6	8	3	4	5
5	3	1	4	9	2	6	8	7
6	2	5	8	3	1	7	9	4
9	4	8	7	5	6	1	3	2
3	1	7	9	2	4	5	6	8

Solución al puzzle #105

1	9	4	3	6	7	8	5	2
5	7	6	9	8	2	3	4	1
3	8	2	1	5	4	7	9	6
4	6	3	5	2	1	9	8	7
7	5	1	8	3	9	2	6	4
8	2	9	4	7	6	1	3	5
6	3	8	2	1	5	4	7	9
9	1	5	7	4	3	6	2	8
2	4	7	6	9	8	5	1	3

Solución al puzzle #106

3	9	1	8	6	7	5	2	4
7	2	5	4	1	9	3	8	6
8	6	4	3	5	2	1	7	9
6	4	8	5	9	3	2	1	7
1	3	9	7	2	6	8	4	5
2	5	7	1	4	8	9	6	3
9	1	2	6	3	4	7	5	8
4	7	3	2	8	5	6	9	1
5	8	6	9	7	1	4	3	2

Solución al puzzle #107

7	1	6	5	9	2	3	4	8
9	8	4	7	3	6	2	5	1
2	3	5	8	1	4	9	6	7
4	9	7	1	2	5	6	8	3
8	5	2	6	7	3	1	9	4
1	6	3	9	4	8	5	7	2
3	2	9	4	6	7	8	1	5
5	4	1	3	8	9	7	2	6
6	7	8	2	5	1	4	3	9

Solución al puzzle #108

5	2	3	7	9	1	8	6	4
1	6	8	5	4	2	3	9	7
9	4	7	3	6	8	2	1	5
8	1	2	9	7	6	5	4	3
7	3	9	2	5	4	6	8	1
6	5	4	1	8	3	9	7	2
2	8	6	4	1	5	7	3	9
3	7	1	8	2	9	4	5	6
4	9	5	6	3	7	1	2	8

Solución al puzzle #109

4	3	1	7	5	8	6	9	2
9	5	8	2	1	6	3	4	7
7	2	6	9	4	3	8	5	1
5	8	7	1	6	4	9	2	3
2	9	3	8	7	5	4	1	6
6	1	4	3	9	2	7	8	5
1	4	2	6	8	7	5	3	9
8	6	9	5	3	1	2	7	4
3	7	5	4	2	9	1	6	8

Solución al puzzle #110

5	7	9	3	8	1	4	6	2
3	6	2	9	5	4	1	7	8
4	1	8	2	7	6	9	5	3
6	3	4	8	1	5	2	9	7
8	2	7	4	9	3	6	1	5
9	5	1	6	2	7	8	3	4
7	9	5	1	4	2	3	8	6
1	4	6	7	3	8	5	2	9
2	8	3	5	6	9	7	4	1

Solución al puzzle #111

1	4	2	6	8	7	9	5	3
9	8	5	2	4	3	7	1	6
3	6	7	5	1	9	4	8	2
5	2	8	4	9	6	3	7	1
6	9	3	8	7	1	2	4	5
7	1	4	3	2	5	8	6	9
8	3	6	7	5	2	1	9	4
2	7	1	9	6	4	5	3	8
4	5	9	1	3	8	6	2	7

Solución al puzzle #112

2	4	9	7	5	8	1	3	6
3	6	1	2	9	4	7	8	5
7	8	5	6	1	3	4	2	9
1	2	6	5	7	9	8	4	3
9	3	8	4	2	6	5	1	7
5	7	4	3	8	1	9	6	2
6	9	2	1	4	5	3	7	8
8	1	3	9	6	7	2	5	4
4	5	7	8	3	2	6	9	1

Solución al puzzle #113

8	9	4	2	5	1	3	6	7
1	2	6	3	9	7	5	4	8
7	5	3	4	8	6	9	2	1
6	4	1	7	3	9	2	8	5
2	7	5	6	1	8	4	3	9
3	8	9	5	2	4	1	7	6
5	3	8	1	6	2	7	9	4
4	6	2	9	7	5	8	1	3
9	1	7	8	4	3	6	5	2

Solución al puzzle #114

3	4	1	6	2	5	9	8	7
9	2	7	4	8	3	5	1	6
8	6	5	9	7	1	2	4	3
7	3	9	5	4	8	1	6	2
1	8	2	7	9	6	3	5	4
4	5	6	1	3	2	8	7	9
5	7	4	3	1	9	6	2	8
6	9	8	2	5	7	4	3	1
2	1	3	8	6	4	7	9	5

Solución al puzzle #115

2	8	5	9	1	7	6	3	4
1	9	7	6	3	4	8	2	5
3	4	6	8	5	2	9	1	7
9	3	1	4	7	6	5	8	2
4	6	2	3	8	5	7	9	1
5	7	8	2	9	1	3	4	6
7	1	3	5	2	8	4	6	9
8	5	4	1	6	9	2	7	3
6	2	9	7	4	3	1	5	8

Solución al puzzle #116

6	2	9	3	7	5	4	1	8
1	3	8	2	4	9	7	6	5
7	5	4	6	1	8	3	9	2
4	9	5	8	3	1	2	7	6
3	6	2	7	9	4	8	5	1
8	7	1	5	6	2	9	3	4
2	8	7	1	5	3	6	4	9
9	1	6	4	8	7	5	2	3
5	4	3	9	2	6	1	8	7

Solución al puzzle #117

1	2	9	7	4	8	6	3	5
3	8	4	1	6	5	2	7	9
5	6	7	3	2	9	4	8	1
2	7	3	5	1	4	9	6	8
6	1	8	9	3	2	5	4	7
4	9	5	6	8	7	3	1	2
9	4	6	8	5	1	7	2	3
7	3	1	2	9	6	8	5	4
8	5	2	4	7	3	1	9	6

Solución al puzzle #118

7	1	4	6	9	8	5	2	3
3	2	9	4	7	5	1	6	8
6	5	8	3	2	1	9	7	4
8	9	6	5	3	7	4	1	2
2	7	5	1	4	9	8	3	6
1	4	3	2	8	6	7	9	5
5	8	1	7	6	3	2	4	9
4	3	7	9	5	2	6	8	1
9	6	2	8	1	4	3	5	7

Solución al puzzle #119

7	6	1	2	3	9	5	8	4
4	5	9	1	6	8	3	2	7
8	2	3	5	7	4	6	1	9
6	8	2	7	4	1	9	3	5
5	3	7	8	9	2	1	4	6
9	1	4	3	5	6	2	7	8
2	7	6	9	8	3	4	5	1
3	4	8	6	1	5	7	9	2
1	9	5	4	2	7	8	6	3

Solución al puzzle #120

5	6	2	9	7	4	1	8	3
7	9	3	1	8	5	4	6	2
4	8	1	2	3	6	5	9	7
6	4	9	5	1	2	7	3	8
2	7	5	8	6	3	9	4	1
3	1	8	7	4	9	6	2	5
1	5	4	6	2	8	3	7	9
9	2	6	3	5	7	8	1	4
8	3	7	4	9	1	2	5	6

Solución al puzzle #121

1	6	7	5	2	8	3	4	9
9	8	2	3	7	4	5	1	6
4	5	3	6	9	1	8	7	2
5	7	6	1	4	2	9	3	8
3	4	8	7	5	9	6	2	1
2	1	9	8	6	3	7	5	4
6	2	4	9	3	5	1	8	7
7	3	1	4	8	6	2	9	5
8	9	5	2	1	7	4	6	3

Solución al puzzle #122

4	2	9	3	5	8	6	1	7
3	1	6	9	4	7	5	8	2
8	5	7	1	2	6	9	4	3
2	6	1	5	7	4	3	9	8
9	7	4	8	3	1	2	6	5
5	3	8	2	6	9	1	7	4
1	9	3	4	8	2	7	5	6
6	4	5	7	9	3	8	2	1
7	8	2	6	1	5	4	3	9

Solución al puzzle #123

6	5	8	7	3	4	1	2	9
1	7	3	2	9	6	8	4	5
9	4	2	8	5	1	3	6	7
2	6	4	5	1	8	7	9	3
7	1	9	3	4	2	5	8	6
8	3	5	6	7	9	4	1	2
3	2	6	1	8	5	9	7	4
4	8	7	9	6	3	2	5	1
5	9	1	4	2	7	6	3	8

Solución al puzzle #124

4	7	2	1	5	3	9	6	8
9	6	1	8	7	4	3	2	5
3	5	8	9	2	6	7	1	4
6	4	9	5	3	7	2	8	1
7	8	3	6	1	2	5	4	9
1	2	5	4	9	8	6	7	3
8	3	4	2	6	9	1	5	7
5	9	6	7	4	1	8	3	2
2	1	7	3	8	5	4	9	6

Solución al puzzle #125

9	4	6	7	8	1	2	3	5
2	1	7	4	5	3	6	9	8
5	3	8	9	2	6	4	7	1
1	6	3	8	4	9	7	5	2
8	5	4	6	7	2	9	1	3
7	9	2	1	3	5	8	6	4
4	8	1	3	9	7	5	2	6
3	2	9	5	6	8	1	4	7
6	7	5	2	1	4	3	8	9

Solución al puzzle #126

7	6	8	1	9	2	4	3	5
5	4	1	7	6	3	2	9	8
9	3	2	5	8	4	7	6	1
2	5	7	9	1	6	8	4	3
3	1	9	2	4	8	5	7	6
4	8	6	3	7	5	9	1	2
6	7	3	8	5	9	1	2	4
1	2	5	4	3	7	6	8	9
8	9	4	6	2	1	3	5	7

Solución al puzzle #127

6	5	3	2	7	1	8	9	4
7	8	2	3	4	9	1	5	6
9	1	4	6	8	5	3	7	2
3	9	7	8	5	4	2	6	1
5	6	1	9	2	3	4	8	7
4	2	8	7	1	6	9	3	5
2	4	9	5	6	8	7	1	3
1	3	5	4	9	7	6	2	8
8	7	6	1	3	2	5	4	9

Solución al puzzle #128

7	9	5	2	1	3	8	4	6
2	6	4	7	5	8	3	9	1
8	3	1	9	6	4	2	5	7
9	1	7	8	4	2	6	3	5
5	4	2	6	3	7	1	8	9
3	8	6	5	9	1	4	7	2
4	2	3	1	7	5	9	6	8
1	5	9	3	8	6	7	2	4
6	7	8	4	2	9	5	1	3

Solución al puzzle #129

2	5	6	3	8	9	1	4	7
3	7	8	4	1	6	5	9	2
9	4	1	5	2	7	3	8	6
1	6	2	9	3	5	4	7	8
5	8	4	7	6	2	9	3	1
7	3	9	8	4	1	6	2	5
8	2	5	1	9	3	7	6	4
6	1	3	2	7	4	8	5	9
4	9	7	6	5	8	2	1	3

Solución al puzzle #130

5	7	6	9	3	1	2	4	8
2	3	1	8	4	5	9	7	6
9	4	8	2	6	7	5	1	3
3	6	2	5	1	8	7	9	4
8	5	7	4	9	2	6	3	1
4	1	9	6	7	3	8	2	5
6	2	3	1	5	9	4	8	7
7	8	4	3	2	6	1	5	9
1	9	5	7	8	4	3	6	2

Solución al puzzle #131

6	4	9	8	5	7	2	1	3
8	5	2	1	9	3	7	4	6
1	3	7	2	6	4	5	8	9
9	7	8	5	1	6	3	2	4
4	1	5	9	3	2	6	7	8
2	6	3	4	7	8	1	9	5
3	2	6	7	8	9	4	5	1
5	8	4	3	2	1	9	6	7
7	9	1	6	4	5	8	3	2

Solución al puzzle #132

6	3	2	5	8	9	7	4	1
1	7	8	6	3	4	5	2	9
4	5	9	1	7	2	3	8	6
8	2	4	3	9	7	1	6	5
3	1	6	2	5	8	9	7	4
5	9	7	4	1	6	8	3	2
7	6	1	9	4	3	2	5	8
2	8	5	7	6	1	4	9	3
9	4	3	8	2	5	6	1	7

Solución al puzzle #133

9	1	5	4	3	8	6	2	7
2	3	7	1	6	9	8	4	5
4	8	6	7	2	5	3	1	9
8	6	4	2	9	7	1	5	3
3	7	1	8	5	4	9	6	2
5	9	2	3	1	6	7	8	4
6	4	9	5	7	1	2	3	8
1	2	8	9	4	3	5	7	6
7	5	3	6	8	2	4	9	1

Solución al puzzle #134

6	4	9	2	5	8	3	1	7
2	5	7	3	6	1	8	9	4
8	1	3	4	9	7	6	5	2
3	6	2	5	1	4	9	7	8
4	9	1	7	8	3	5	2	6
7	8	5	6	2	9	4	3	1
9	3	4	8	7	2	1	6	5
5	2	8	1	3	6	7	4	9
1	7	6	9	4	5	2	8	3

Solución al puzzle #135

7	8	9	3	1	4	2	5	6
6	2	4	8	7	5	1	3	9
5	1	3	2	9	6	4	7	8
8	5	2	6	4	7	9	1	3
3	7	1	9	2	8	6	4	5
4	9	6	1	5	3	8	2	7
2	4	7	5	6	9	3	8	1
1	6	8	7	3	2	5	9	4
9	3	5	4	8	1	7	6	2

Solución al puzzle #136

8	7	6	5	9	2	3	1	4
9	3	2	1	7	4	5	6	8
1	5	4	3	8	6	9	7	2
5	9	3	8	4	7	6	2	1
6	1	7	2	5	3	4	8	9
4	2	8	9	6	1	7	3	5
7	8	5	6	1	9	2	4	3
3	4	1	7	2	5	8	9	6
2	6	9	4	3	8	1	5	7

Solución al puzzle #137

3	1	7	5	6	8	2	9	4
4	8	5	1	9	2	3	7	6
6	9	2	3	7	4	8	5	1
7	2	8	6	1	3	9	4	5
1	3	4	9	8	5	7	6	2
9	5	6	4	2	7	1	8	3
2	7	3	8	5	6	4	1	9
5	4	1	7	3	9	6	2	8
8	6	9	2	4	1	5	3	7

Solución al puzzle #138

1	8	2	3	7	4	5	9	6
7	3	6	9	1	5	2	8	4
9	4	5	2	8	6	7	3	1
6	2	9	1	5	8	4	7	3
3	5	7	4	2	9	6	1	8
8	1	4	7	6	3	9	5	2
5	7	1	8	4	2	3	6	9
2	6	3	5	9	1	8	4	7
4	9	8	6	3	7	1	2	5

Solución al puzzle #139

9	2	5	8	1	4	3	7	6
3	1	6	5	2	7	9	4	8
8	7	4	6	9	3	1	5	2
1	6	2	7	3	8	4	9	5
4	8	3	2	5	9	7	6	1
7	5	9	4	6	1	8	2	3
6	3	7	1	4	5	2	8	9
5	9	8	3	7	2	6	1	4
2	4	1	9	8	6	5	3	7

Solución al puzzle #140

8	2	7	5	9	1	3	6	4
1	4	9	6	2	3	5	7	8
5	6	3	8	4	7	1	9	2
9	5	8	1	6	4	2	3	7
4	7	2	3	5	8	6	1	9
6	3	1	9	7	2	4	8	5
3	9	5	4	8	6	7	2	1
7	1	4	2	3	9	8	5	6
2	8	6	7	1	5	9	4	3

Solución al puzzle #141

1	6	5	8	9	3	2	7	4
7	9	2	5	4	6	3	8	1
8	4	3	2	1	7	5	9	6
9	2	7	1	6	4	8	3	5
4	3	1	9	8	5	7	6	2
6	5	8	7	3	2	4	1	9
5	7	6	3	2	9	1	4	8
3	1	9	4	5	8	6	2	7
2	8	4	6	7	1	9	5	3

Solución al puzzle #142

4	9	5	8	1	2	7	6	3
2	3	6	4	5	7	8	1	9
1	7	8	3	9	6	5	2	4
5	1	9	7	8	3	6	4	2
3	8	2	1	6	4	9	5	7
6	4	7	5	2	9	3	8	1
7	2	4	6	3	5	1	9	8
9	5	1	2	7	8	4	3	6
8	6	3	9	4	1	2	7	5

Solución al puzzle #143

2	1	4	8	7	3	6	9	5
5	8	3	6	9	2	4	7	1
7	6	9	4	5	1	2	3	8
3	4	2	5	8	7	9	1	6
9	7	8	2	1	6	3	5	4
1	5	6	3	4	9	7	8	2
6	2	1	7	3	5	8	4	9
8	3	5	9	6	4	1	2	7
4	9	7	1	2	8	5	6	3

Solución al puzzle #144

6	9	2	8	1	5	4	7	3
5	8	7	3	9	4	1	6	2
4	3	1	2	6	7	9	5	8
2	4	8	1	7	6	3	9	5
9	7	5	4	3	8	2	1	6
1	6	3	9	5	2	7	8	4
7	2	4	6	8	1	5	3	9
3	1	6	5	4	9	8	2	7
8	5	9	7	2	3	6	4	1

Solución al puzzle #145

7	1	6	9	4	2	5	3	8
8	9	4	3	1	5	6	7	2
2	3	5	6	7	8	1	9	4
5	2	7	8	9	1	4	6	3
3	4	1	2	5	6	7	8	9
6	8	9	7	3	4	2	1	5
4	5	8	1	6	9	3	2	7
9	6	3	4	2	7	8	5	1
1	7	2	5	8	3	9	4	6

Solución al puzzle #146

8	7	1	2	3	9	6	4	5
3	5	6	1	4	7	2	9	8
4	2	9	5	8	6	7	1	3
6	9	2	3	5	4	1	8	7
5	4	3	8	7	1	9	6	2
7	1	8	9	6	2	3	5	4
1	8	5	7	9	3	4	2	6
2	3	4	6	1	5	8	7	9
9	6	7	4	2	8	5	3	1

Solución al puzzle #147

7	6	9	8	2	5	3	4	1
2	3	8	4	7	1	5	9	6
4	1	5	3	6	9	7	8	2
1	9	3	6	5	8	4	2	7
5	8	4	2	1	7	9	6	3
6	7	2	9	4	3	8	1	5
9	5	7	1	8	6	2	3	4
8	2	6	7	3	4	1	5	9
3	4	1	5	9	2	6	7	8

Solución al puzzle #148

9	4	2	5	7	1	8	6	3
6	3	5	8	2	4	1	7	9
7	1	8	9	3	6	5	2	4
1	7	6	4	9	3	2	5	8
5	8	3	7	6	2	9	4	1
2	9	4	1	5	8	6	3	7
4	6	9	3	8	5	7	1	2
3	2	7	6	1	9	4	8	5
8	5	1	2	4	7	3	9	6

Solución al puzzle #149

6	1	4	5	7	8	9	2	3
5	9	2	1	3	4	7	8	6
3	7	8	2	9	6	4	5	1
4	6	9	8	2	5	1	3	7
1	2	7	3	6	9	5	4	8
8	5	3	4	1	7	6	9	2
9	8	1	6	5	3	2	7	4
7	3	6	9	4	2	8	1	5
2	4	5	7	8	1	3	6	9

Solución al puzzle #150

5	9	6	8	7	1	2	4	3
1	4	8	3	2	6	9	5	7
3	7	2	9	5	4	1	8	6
4	6	3	5	8	2	7	9	1
8	5	9	7	1	3	4	6	2
2	1	7	4	6	9	8	3	5
7	3	5	2	4	8	6	1	9
9	8	1	6	3	7	5	2	4
6	2	4	1	9	5	3	7	8

Solución al puzzle #151

2	3	7	5	9	4	6	8	1
4	9	5	6	1	8	3	2	7
1	8	6	7	2	3	9	5	4
6	5	4	9	7	1	2	3	8
9	1	8	4	3	2	7	6	5
7	2	3	8	5	6	1	4	9
3	7	9	2	8	5	4	1	6
5	4	1	3	6	7	8	9	2
8	6	2	1	4	9	5	7	3

Solución al puzzle #152

1	7	3	8	6	9	5	4	2
9	2	6	7	5	4	1	3	8
5	4	8	1	3	2	9	7	6
7	9	2	3	4	1	8	6	5
8	6	4	2	7	5	3	9	1
3	5	1	6	9	8	4	2	7
4	8	9	5	2	6	7	1	3
2	1	7	4	8	3	6	5	9
6	3	5	9	1	7	2	8	4

Solución al puzzle #153

1	8	4	2	3	7	9	6	5
6	3	9	5	8	4	2	1	7
7	2	5	6	1	9	3	8	4
2	5	3	9	6	1	7	4	8
8	9	6	7	4	3	1	5	2
4	1	7	8	2	5	6	9	3
3	7	1	4	5	6	8	2	9
9	4	2	1	7	8	5	3	6
5	6	8	3	9	2	4	7	1

Solución al puzzle #154

8	3	5	6	9	4	7	1	2
7	6	1	8	2	3	5	4	9
9	4	2	1	5	7	6	3	8
1	7	3	5	8	6	9	2	4
6	2	9	7	4	1	3	8	5
5	8	4	9	3	2	1	7	6
4	9	6	3	7	8	2	5	1
3	1	8	2	6	5	4	9	7
2	5	7	4	1	9	8	6	3

Solución al puzzle #155

7	4	3	2	5	9	8	1	6
2	6	8	4	1	3	7	9	5
1	5	9	6	8	7	3	2	4
5	9	6	1	3	8	4	7	2
8	7	1	9	2	4	5	6	3
3	2	4	5	7	6	1	8	9
9	8	7	3	6	5	2	4	1
6	3	2	8	4	1	9	5	7
4	1	5	7	9	2	6	3	8

Solución al puzzle #156

8	4	3	2	1	5	9	6	7
2	6	9	7	3	8	4	1	5
5	1	7	6	4	9	8	2	3
1	3	8	5	6	2	7	9	4
6	7	5	3	9	4	1	8	2
9	2	4	8	7	1	5	3	6
7	5	2	1	8	3	6	4	9
4	8	6	9	2	7	3	5	1
3	9	1	4	5	6	2	7	8

Solución al puzzle #157

8	4	3	2	1	5	9	6	7
2	6	9	7	3	8	4	1	5
5	1	7	6	4	9	8	2	3
1	3	8	5	6	2	7	9	4
6	7	5	3	9	4	1	8	2
9	2	4	8	7	1	5	3	6
7	5	2	1	8	3	6	4	9
4	8	6	9	2	7	3	5	1
3	9	1	4	5	6	2	7	8

Solución al puzzle #158

9	6	2	3	8	1	7	5	4
4	5	8	7	6	9	1	3	2
3	7	1	4	2	5	9	8	6
2	9	5	6	7	4	8	1	3
8	1	6	2	9	3	5	4	7
7	4	3	5	1	8	6	2	9
5	8	7	9	3	2	4	6	1
6	3	4	1	5	7	2	9	8
1	2	9	8	4	6	3	7	5

Solución al puzzle #159

4	2	6	8	1	3	9	5	7
9	8	5	7	4	2	3	6	1
1	7	3	6	9	5	2	8	4
2	6	8	1	5	4	7	9	3
7	9	4	2	3	8	6	1	5
3	5	1	9	7	6	4	2	8
6	4	2	5	8	7	1	3	9
5	3	9	4	6	1	8	7	2
8	1	7	3	2	9	5	4	6

Solución al puzzle #160

1	4	5	7	6	9	3	2	8
6	8	3	4	1	2	5	9	7
7	9	2	3	5	8	1	4	6
3	7	4	8	2	5	9	6	1
9	5	6	1	3	7	4	8	2
8	2	1	6	9	4	7	3	5
4	3	7	2	8	1	6	5	9
5	1	8	9	4	6	2	7	3
2	6	9	5	7	3	8	1	4

Solución al puzzle #161

1	9	7	3	4	8	2	6	5
3	2	5	1	7	6	4	8	9
6	4	8	5	2	9	1	3	7
4	1	9	2	8	5	3	7	6
7	5	6	4	9	3	8	1	2
8	3	2	7	6	1	5	9	4
5	8	4	6	3	7	9	2	1
2	7	3	9	1	4	6	5	8
9	6	1	8	5	2	7	4	3

Solución al puzzle #162

6	3	7	5	8	9	1	2	4
9	8	1	6	4	2	3	5	7
5	2	4	1	3	7	9	8	6
2	7	3	8	6	1	4	9	5
8	6	5	4	9	3	7	1	2
4	1	9	2	7	5	8	6	3
1	4	6	3	5	8	2	7	9
7	5	8	9	2	4	6	3	1
3	9	2	7	1	6	5	4	8

Solución al puzzle #163

2	5	4	8	6	7	3	9	1
8	6	7	9	3	1	5	2	4
1	3	9	2	4	5	7	8	6
6	4	5	7	2	9	1	3	8
3	7	1	4	5	8	9	6	2
9	2	8	6	1	3	4	7	5
4	1	6	3	7	2	8	5	9
7	8	2	5	9	4	6	1	3
5	9	3	1	8	6	2	4	7

Solución al puzzle #164

6	3	5	9	2	7	8	1	4
2	1	9	4	8	5	6	3	7
8	7	4	6	3	1	9	2	5
9	8	3	5	7	6	2	4	1
7	4	6	2	1	9	3	5	8
5	2	1	3	4	8	7	9	6
3	6	7	1	9	4	5	8	2
4	5	2	8	6	3	1	7	9
1	9	8	7	5	2	4	6	3

Solución al puzzle #165

6	7	1	8	2	3	5	4	9
8	2	9	4	7	5	1	3	6
5	4	3	6	1	9	8	7	2
1	3	2	5	9	4	7	6	8
7	6	8	1	3	2	4	9	5
9	5	4	7	6	8	2	1	3
2	1	7	9	5	6	3	8	4
4	9	5	3	8	1	6	2	7
3	8	6	2	4	7	9	5	1

Solución al puzzle #166

3	8	1	2	6	7	9	5	4
5	7	9	4	8	3	2	1	6
2	4	6	9	5	1	8	3	7
7	5	8	6	4	9	1	2	3
9	6	3	1	7	2	4	8	5
4	1	2	5	3	8	7	6	9
8	3	4	7	2	6	5	9	1
6	9	5	8	1	4	3	7	2
1	2	7	3	9	5	6	4	8

Solución al puzzle #167

1	9	2	4	6	3	8	5	7
6	8	5	2	1	7	4	9	3
7	4	3	9	5	8	6	2	1
8	5	7	1	3	9	2	4	6
4	2	9	7	8	6	3	1	5
3	6	1	5	2	4	7	8	9
2	7	6	8	9	5	1	3	4
5	3	8	6	4	1	9	7	2
9	1	4	3	7	2	5	6	8

Solución al puzzle #168

5	8	4	1	7	6	2	3	9
3	7	6	5	9	2	8	4	1
9	1	2	8	4	3	7	6	5
6	3	9	4	1	8	5	2	7
8	2	5	7	6	9	4	1	3
7	4	1	2	3	5	9	8	6
1	9	8	6	2	7	3	5	4
4	5	7	3	8	1	6	9	2
2	6	3	9	5	4	1	7	8

Solución al puzzle #169

8	1	7	9	5	4	2	6	3
3	6	9	2	1	8	5	7	4
4	5	2	3	6	7	9	8	1
6	7	4	8	3	5	1	2	9
1	9	5	4	2	6	7	3	8
2	3	8	1	7	9	4	5	6
5	8	3	7	4	1	6	9	2
7	2	1	6	9	3	8	4	5
9	4	6	5	8	2	3	1	7

Solución al puzzle #170

4	3	9	1	6	5	8	7	2
5	2	6	7	9	8	1	4	3
1	7	8	2	3	4	5	9	6
8	9	3	4	1	7	2	6	5
7	6	1	5	2	3	9	8	4
2	4	5	9	8	6	3	1	7
6	1	4	8	5	2	7	3	9
3	8	2	6	7	9	4	5	1
9	5	7	3	4	1	6	2	8

Solución al puzzle #171

9	2	1	6	3	5	8	4	7
6	4	7	9	2	8	3	1	5
8	5	3	1	7	4	2	6	9
3	9	6	2	1	7	5	8	4
2	7	8	4	5	3	1	9	6
5	1	4	8	9	6	7	3	2
4	6	5	7	8	1	9	2	3
7	8	2	3	4	9	6	5	1
1	3	9	5	6	2	4	7	8

Solución al puzzle #172

8	9	2	3	7	5	1	4	6
5	6	7	4	1	8	9	3	2
3	4	1	6	2	9	7	8	5
7	2	5	1	8	6	3	9	4
9	8	3	2	4	7	5	6	1
4	1	6	9	5	3	8	2	7
6	5	8	7	3	4	2	1	9
2	3	4	5	9	1	6	7	8
1	7	9	8	6	2	4	5	3

Solución al puzzle #173

6	7	9	1	2	3	4	8	5
3	5	8	7	6	4	9	1	2
1	2	4	5	8	9	6	7	3
9	6	2	4	5	8	1	3	7
5	4	3	9	1	7	2	6	8
8	1	7	2	3	6	5	9	4
7	8	1	6	4	2	3	5	9
4	9	6	3	7	5	8	2	1
2	3	5	8	9	1	7	4	6

Solución al puzzle #174

5	4	3	9	2	8	1	6	7
2	7	1	3	4	6	9	8	5
6	9	8	5	1	7	3	4	2
3	5	7	6	8	9	4	2	1
8	6	4	1	7	2	5	9	3
1	2	9	4	5	3	6	7	8
7	1	5	8	9	4	2	3	6
9	8	6	2	3	1	7	5	4
4	3	2	7	6	5	8	1	9

Solución al puzzle #175

8	1	2	9	3	4	6	7	5
5	4	3	1	7	6	2	9	8
6	9	7	8	2	5	1	4	3
3	6	9	7	4	8	5	2	1
2	8	1	3	5	9	4	6	7
7	5	4	2	6	1	8	3	9
4	3	6	5	8	7	9	1	2
9	7	5	6	1	2	3	8	4
1	2	8	4	9	3	7	5	6

Solución al puzzle #176

3	1	6	2	5	9	7	8	4
5	9	8	3	4	7	1	6	2
4	2	7	1	8	6	5	9	3
2	6	5	7	1	8	3	4	9
1	7	3	9	6	4	8	2	5
8	4	9	5	3	2	6	1	7
9	8	1	4	7	3	2	5	6
6	3	2	8	9	5	4	7	1
7	5	4	6	2	1	9	3	8

Solución al puzzle #177

5	1	9	4	7	2	3	6	8
3	7	4	6	5	8	9	2	1
2	6	8	1	9	3	5	7	4
7	3	1	8	6	9	4	5	2
8	4	6	7	2	5	1	3	9
9	2	5	3	1	4	7	8	6
1	9	2	5	3	6	8	4	7
6	8	3	9	4	7	2	1	5
4	5	7	2	8	1	6	9	3

Solución al puzzle #178

2	3	6	9	7	8	1	5	4
1	9	7	4	2	5	3	8	6
8	4	5	6	3	1	7	2	9
7	2	3	5	6	9	4	1	8
4	5	8	3	1	7	6	9	2
6	1	9	8	4	2	5	3	7
3	8	4	2	5	6	9	7	1
9	6	1	7	8	3	2	4	5
5	7	2	1	9	4	8	6	3

Solución al puzzle #179

6	8	7	9	4	3	2	1	5
2	3	4	5	1	8	7	9	6
5	9	1	7	6	2	8	4	3
4	5	9	3	8	7	6	2	1
3	6	2	4	5	1	9	8	7
1	7	8	6	2	9	3	5	4
8	4	3	2	7	5	1	6	9
7	1	5	8	9	6	4	3	2
9	2	6	1	3	4	5	7	8

Solución al puzzle #180

9	7	6	5	1	8	3	4	2
8	1	4	2	9	3	5	7	6
5	2	3	7	6	4	1	9	8
3	8	2	4	5	7	9	6	1
1	9	5	8	2	6	4	3	7
6	4	7	1	3	9	2	8	5
2	3	9	6	8	1	7	5	4
7	6	1	3	4	5	8	2	9
4	5	8	9	7	2	6	1	3

Solución al puzzle #181

8	4	5	9	2	3	1	6	7
2	1	9	4	6	7	5	3	8
3	7	6	1	8	5	4	2	9
4	8	7	3	9	1	6	5	2
5	3	2	6	4	8	7	9	1
9	6	1	5	7	2	3	8	4
6	2	8	7	3	4	9	1	5
1	9	4	8	5	6	2	7	3
7	5	3	2	1	9	8	4	6

Solución al puzzle #182

5	1	2	8	3	4	9	7	6
8	9	7	5	6	1	3	2	4
6	3	4	7	9	2	5	8	1
4	8	9	2	5	7	6	1	3
3	7	5	9	1	6	2	4	8
1	2	6	4	8	3	7	9	5
2	6	3	1	4	9	8	5	7
9	4	8	3	7	5	1	6	2
7	5	1	6	2	8	4	3	9

Solución al puzzle #183

1	8	6	9	7	2	4	5	3
3	5	7	8	4	6	9	2	1
4	2	9	1	3	5	7	8	6
7	3	2	5	8	9	6	1	4
5	4	1	2	6	7	3	9	8
6	9	8	3	1	4	5	7	2
9	7	4	6	2	1	8	3	5
8	1	5	4	9	3	2	6	7
2	6	3	7	5	8	1	4	9

Solución al puzzle #184

2	9	3	5	7	6	1	8	4
7	4	6	8	1	2	9	3	5
8	1	5	4	3	9	7	2	6
4	8	1	7	5	3	6	9	2
6	2	7	1	9	4	3	5	8
3	5	9	6	2	8	4	1	7
1	6	2	3	4	5	8	7	9
9	7	8	2	6	1	5	4	3
5	3	4	9	8	7	2	6	1

Solución al puzzle #185

6	3	1	7	9	4	8	5	2
7	9	2	6	5	8	3	4	1
8	4	5	2	3	1	7	6	9
2	8	3	1	6	5	4	9	7
4	1	7	9	8	2	6	3	5
9	5	6	3	4	7	1	2	8
3	2	4	8	1	9	5	7	6
1	6	9	5	7	3	2	8	4
5	7	8	4	2	6	9	1	3

Solución al puzzle #186

9	5	2	8	3	6	4	7	1
4	1	8	7	9	5	2	6	3
3	7	6	4	2	1	5	9	8
5	8	7	3	4	9	6	1	2
6	3	4	1	8	2	9	5	7
1	2	9	5	6	7	8	3	4
7	4	1	9	5	8	3	2	6
8	6	5	2	7	3	1	4	9
2	9	3	6	1	4	7	8	5

Solución al puzzle #187

1	8	4	5	7	2	3	6	9
6	7	2	4	3	9	8	1	5
5	3	9	8	6	1	2	7	4
8	6	3	7	1	4	5	9	2
9	2	7	3	5	8	1	4	6
4	1	5	2	9	6	7	8	3
2	9	1	6	8	3	4	5	7
3	5	6	1	4	7	9	2	8
7	4	8	9	2	5	6	3	1

Solución al puzzle #188

1	5	4	2	9	6	3	8	7
3	6	7	1	8	5	2	4	9
9	2	8	3	7	4	1	6	5
6	8	9	7	2	3	5	1	4
4	1	2	8	5	9	6	7	3
5	7	3	4	6	1	9	2	8
2	4	6	9	3	7	8	5	1
7	3	5	6	1	8	4	9	2
8	9	1	5	4	2	7	3	6

Solución al puzzle #189

4	9	2	1	6	7	5	3	8
1	6	3	4	8	5	9	2	7
5	7	8	9	3	2	4	6	1
7	1	6	3	2	9	8	4	5
2	8	5	6	4	1	7	9	3
9	3	4	5	7	8	6	1	2
8	5	9	2	1	4	3	7	6
3	2	7	8	9	6	1	5	4
6	4	1	7	5	3	2	8	9

Solución al puzzle #190

5	3	4	6	8	1	7	2	9
2	1	7	9	3	4	8	5	6
8	6	9	5	2	7	4	3	1
6	9	5	3	7	8	2	1	4
7	4	2	1	5	6	9	8	3
1	8	3	4	9	2	5	6	7
4	2	8	7	1	3	6	9	5
3	5	6	8	4	9	1	7	2
9	7	1	2	6	5	3	4	8

Solución al puzzle #191

7	8	9	6	2	5	1	4	3
3	5	6	4	9	1	7	8	2
1	2	4	7	8	3	6	5	9
5	1	2	3	7	6	4	9	8
6	3	7	8	4	9	5	2	1
9	4	8	1	5	2	3	7	6
2	6	5	9	3	7	8	1	4
8	9	3	5	1	4	2	6	7
4	7	1	2	6	8	9	3	5

Solución al puzzle #192

1	5	9	6	2	7	3	8	4
6	4	2	3	8	5	7	1	9
7	8	3	1	9	4	6	2	5
3	2	5	8	7	9	1	4	6
8	1	7	5	4	6	2	9	3
4	9	6	2	3	1	8	5	7
5	7	8	4	1	3	9	6	2
9	6	1	7	5	2	4	3	8
2	3	4	9	6	8	5	7	1

Solución al puzzle #193

8	1	5	2	4	6	7	3	9
3	4	2	7	9	1	8	5	6
6	7	9	3	8	5	2	4	1
2	6	4	5	1	8	9	7	3
1	9	7	6	2	3	5	8	4
5	8	3	9	7	4	6	1	2
7	2	8	4	3	9	1	6	5
4	5	1	8	6	2	3	9	7
9	3	6	1	5	7	4	2	8

Solución al puzzle #194

4	8	7	2	6	5	3	1	9
2	1	6	9	3	4	7	5	8
5	9	3	1	8	7	6	2	4
7	4	8	5	2	6	9	3	1
3	2	5	4	9	1	8	7	6
9	6	1	8	7	3	2	4	5
8	3	4	6	5	2	1	9	7
1	7	9	3	4	8	5	6	2
6	5	2	7	1	9	4	8	3

Solución al puzzle #195

1	9	7	8	4	6	3	2	5
2	5	6	3	9	7	4	8	1
4	8	3	1	2	5	9	7	6
7	1	4	5	3	9	8	6	2
5	2	9	6	8	1	7	3	4
3	6	8	2	7	4	5	1	9
8	3	5	9	6	2	1	4	7
6	7	1	4	5	3	2	9	8
9	4	2	7	1	8	6	5	3

Solución al puzzle #196

2	5	8	1	4	7	6	9	3
9	7	6	8	3	5	1	2	4
1	3	4	6	2	9	8	7	5
8	4	9	7	5	2	3	1	6
7	6	1	3	9	8	5	4	2
3	2	5	4	6	1	9	8	7
4	9	2	5	8	3	7	6	1
5	8	7	2	1	6	4	3	9
6	1	3	9	7	4	2	5	8

Solución al puzzle #197

4	3	8	5	7	9	1	6	2
9	6	5	1	4	2	7	8	3
2	7	1	3	6	8	5	4	9
1	9	4	6	5	3	8	2	7
3	5	6	2	8	7	4	9	1
8	2	7	9	1	4	3	5	6
5	8	3	7	9	6	2	1	4
7	1	9	4	2	5	6	3	8
6	4	2	8	3	1	9	7	5

Solución al puzzle #198

7	3	5	9	2	8	6	1	4
1	4	8	3	5	6	2	7	9
2	9	6	1	7	4	8	5	3
5	8	4	2	1	9	7	3	6
3	6	2	4	8	7	5	9	1
9	1	7	6	3	5	4	8	2
6	5	9	8	4	3	1	2	7
4	7	1	5	9	2	3	6	8
8	2	3	7	6	1	9	4	5

Solución al puzzle #199

9	2	7	1	8	3	4	6	5
3	6	4	2	7	5	8	1	9
1	8	5	9	6	4	7	3	2
2	9	8	6	5	7	3	4	1
7	5	3	4	1	9	2	8	6
4	1	6	8	3	2	9	5	7
8	7	2	5	4	1	6	9	3
6	3	1	7	9	8	5	2	4
5	4	9	3	2	6	1	7	8

Solución al puzzle #200

Sobre el autor

Hideki Tanaka ha sido siempre un amante de los rompecabezas matemáticos, pero su preferido es el Sudoku. Después de resolver miles de ellos, decidió que ya era hora de comenzar a publicar los suyos propios.

Puede encontrarle a menudo en su jardín japonés, acariciando a su dragón mascota mientras resuelve sus propios Sudokus. Si le visita, asegúrese primero de que no le va a interrumpir... ¡al dragón no le gusta! (¡Está avisado!)